刘振亚　主编　　国家电网公司　颁布

国家电网公司输变电工程

标准工艺（六）

标准工艺设计图集 （线路工程部分）

中国电力出版社
CHINA ELECTRIC POWER PRESS

内 容 提 要

《国家电网公司输变电工程标准工艺》是国家电网公司标准化成果的重要组成部分，对统一建设标准、保证工程质量、提高设计效率具有重大意义。

本书为《国家电网公司输变电工程标准工艺（六） 标准工艺设计图集（线路工程部分）》，分为架空线路结构工程、架空线路电气工程和电缆线路工程 3 篇：架空线路结构工程包括总说明和 8 项分部工程；架空线路电气工程包括总说明和 22 项分部工程；电缆线路工程包括总说明和 17 项分部工程。每项子项均提供图例、构造做法等关键内容。

本书适用于从事电力系统线路工程设计、施工、安装、监理、验收等工作的技术人员和管理人员使用，也可供相关专业人员参考。

图书在版编目（CIP）数据

国家电网公司输变电工程标准工艺. 6，标准工艺设计图集. 线路工程部分/刘振亚主编；国家电网公司颁布. —北京：中国电力出版社，2014.2（2020.12重印）
ISBN 978 - 7 - 5123 - 5291 - 9

Ⅰ. ①国… Ⅱ. ①刘…②国… Ⅲ. ①输电-电力工程-标准-汇编-中国②变电所-电力工程-标准-汇编-中国 Ⅳ. ① TM7 - 65 ②TM63 - 65

中国版本图书馆 CIP 数据核字（2013）第 288642 号

国家电网公司输变电工程标准工艺（六） 标准工艺设计图集（线路工程部分）

中国电力出版社出版、发行　　　　　　　　　　　　三河市百盛印装有限公司印刷　　　　　　　　　各地新华书店经售
（北京市东城区北京站西街 19 号　100005　http：//www.cepp.sgcc.com.cn）
2014 年 2 月第一版　　　　　　　　　　　　　　　2020 年 12 月北京第五次印刷　　　　　　　　印数 6801—7800 册
880 毫米×1230 毫米　　横 16 开本　　13.25 印张　　　　　　424 千字　　　　　　　　　　　　定价 70.00 元

《国家电网公司输变电工程标准工艺》编委会

主　　　编　　刘振亚

副　主　编　　舒印彪　郑宝森　陈月明　杨　庆　曹志安　栾　军　李汝革

　　　　　　　潘晓军　王　敏　帅军庆

委　　　员　　喻新强　孙　昕　李文毅　余卫国　梁旭明　伍　萱　张　宁

　　　　　　　李荣华　张建功　王风雷　王宏志　丁广鑫　刘泽洪　李桂生

　　　　　　　张智刚

《国家电网公司输变电工程标准工艺（六）　标准工艺设计图集（线路工程部分）》编审人员

编审工作组　　丁广鑫　张　贺　王振伟　蔡敬东　刘云厚　安建强　张旭升

　　　　　　　李锡成　陈道彪　潘震东　石华军　关守仲　徐　云　张印明

　　　　　　　赵宏伟　刘　博

审　查　人　员　吴云喜　彭开宇　杨　俊　刘利平　刘寅初　郑晓广　赵晋生

　　　　　　　汪　鹏　胡益明　栾　勇　商建军　王光明　许　强

编写人员

第1篇、第2篇

吴 松	聂 琼	杨玉祥	李仲秋	韩鹏凯	林清海	金 树
曹丹京	姜宏玺	许志建	丛欣福	赵光泰	苏 鼎	徐 震
康健民	王 云	申 亮	柴 淼	张国华	王志强	韦士明
生红莹	尹元明	常红志	吴述关	赵新宇	张瑞永	刘晓威
姚 成						

第3篇

梅志农	杨宝杰	林 坚	郑伟华	孙建波	郭庆宇	尹 凡
张美英	陈 凯					

序

    电网是关系国计民生的重要基础设施。国家电网公司认真贯彻党中央、国务院决策部署，从保障能源安全、优化能源结构、促进节能减排、发展低碳经济、提高服务水平的要求出发，紧密结合我国国情，加快建设以特高压电网为骨干网架，各级电网协调发展的坚强智能电网，为经济社会发展提供安全、高效、清洁、可持续的电力供应。

    特高压电网是坚强智能电网的重要组成部分，关系电网安全、质量和效益。大力推广特高压通用设计、通用设备、通用造价和标准工艺，是以标准化提升电网发展质量的重要途径；是发挥规模效应，提高电网安全水平和经济效益的有效措施；是大力实施集成创新，促进资源节约型、环境友好型社会建设的具体行动。为此，国家电网公司组织有关研究机构、设计单位，在充分调研、精心比选、反复论证的基础上，历时22个月，编制完成了13项特高压通用设计、通用设备、通用造价和标准工艺系列成果。

    该系列成果凝聚了我国电力系统广大专家学者和工程技术人员的心血和汗水，是国家电网公司推行标准化建设的又一重要成果。希望该系列成果的出版和应用，能够提高我国特高压工程建设水平，促进电网又好又快发展，为全面建成坚强智能电网、服务经济社会发展做出积极贡献。

2014年1月，北京

前　　言

　　《国家电网公司输变电工程标准工艺》是国家电网公司标准化成果的重要组成部分，对统一建设标准、保证工程质量、提高设计效率具有重大意义。

　　为总结施工管理经验、统一施工工艺要求、规范施工工艺行为、提高施工工艺水平，推动施工技术水平和工程建设质量的提升，国家电网公司基建部自2005年以来，组织对输变电工程施工工艺进行了深入研究，逐步形成了"标准工艺"成果体系。

　　"标准工艺"成果体系是国家电网公司工程建设质量管理和施工技术经验的结晶，具有先进性、可推广性，由《国家电网公司输变电工程标准工艺（一）　施工工艺示范手册》、《国家电网公司输变电工程标准工艺（二）　施工工艺示范光盘》、《国家电网公司输变电工程标准工艺（三）　工艺标准库》、《国家电网公司输变电工程标准工艺（四）　典型施工方法》、《国家电网公司输变电工程标准工艺（五）　典型施工方法演示光盘》和《国家电网公司输变电工程标准工艺（六）　标准工艺设计图集》六个系列组成。

　　近年来，通过"标准工艺"的深化研究与应用，有效地促进了电网施工技术进步和技术积累，加大成熟施工技术、施工工艺的应用，推动施工技术水平和技术创新能力的提高，保障工程建设质量的稳步提升。

　　本书为《国家电网公司输变电工程标准工艺（六）　标准工艺设计图集（线路工程部分)》，由架空线路结构工程、架空线路电气工程和电缆线路工程3篇组成。本书以《国家电网公司输变电工程标准工艺（三）　工艺标准库（2012年版)》内容为依据，总结借鉴成熟的管理及施工经验，融汇输变电工程强制性条文、质量通病防治措施及标准工艺应用等有关要求，分专业逐条落实并转化为设计成果，形成可资参考或借鉴的样图，通篇设计理念先进、格式规范、内容详尽，基本满足标准工艺设计的深度要求，对施工图设计及现场施工具有较强的指导意义。

　　本书中架空线路工程由国网山东电力集团公司、国网冀北电力有限公司、国网江苏省电力公司组织编制，电缆线路工程由国网上海市电力公司、国网北京市电力公司组织编制。希望公司系统有关单位要认真学习、借鉴本书相关内容，结合工程特点灵活应用，并在实践中注意总结提高。

　　国家电网公司将继续组织开展标准工艺设计图集的深化研究工作，结合电网工程建设实际，进一步修改完善，确保其先进性和实用性。

　　本书的出版，凝聚了国家电网公司基建战线广大工程管理、技术人员的智慧和心血，向大家付出的辛勤劳动表示衷心的感谢！

　　由于编者水平有限、时间较短，书中难免存有不妥之处，敬请各位读者批评指正。

编　者

2013 年 12 月

目　　录

第2篇　架空线路电气工程

第 3 篇　电缆线路工程

第1篇

架空线路结构工程

总　说　明

1　编制依据

GB/T 50001—2010《房屋建筑制图统一标准》

GB/T 50104—2010《建筑制图标准》

DL/T 5219—2005《架空送电线路基础设计技术规定》其他相关现行国家标准、规程规范

Q/GDW 248—2008《输变电工程建设标准强制性条文实施管理规程》

《国家电网公司输变电工程标准工艺　工艺标准库（2012年版）》

基建质量〔2010〕19号《国家电网公司输变电工程质量通病防治工作要求及技术措施》

基建〔2011〕1515号《国家电网公司关于进一步提高工程建设安全质量和工艺水平的决定》

2　适用范围

2.1　本图集适用于110kV及以上各电压等级的架空输电线路结构工程。

2.2　本图集可供设计、施工、监理、质量监督及工程验收单位相关人员使用。

2.3　当用于湿陷性黄土地区、膨胀性土地区、液化土、软弱土及腐蚀性等特殊环境地区时，应执行有关规程规范的规定或专门研究处理。

3　材料要求

除图中有特别规定外，其他未注明的材料应满足以下要求。

3.1　水泥：未注明的均采用普通硅酸盐水泥，强度等级≥42.5，质量要求符合GB 175《通用硅酸盐水泥》。粗骨料采用碎石或卵石，当混凝土强度≥C30时，含泥量≤1%；当混凝土强度＜C30时，含泥量≤2%。细骨料应采用中粗砂，当混凝土强度≥C30时，含泥量≤3%；当混凝土强度＜C30时，含泥量

≤5%；其他质量要求符合现行规范要求。宜采用饮用水拌和，当采用其他水源时，水质应达到现行JGJ 63—2006《混凝土用水标准（附条文说明）》的规定。

3.2　钢筋：采用HPB300、HRB335、HRB400级钢筋。

3.3　钢材：钢板及型钢采用Q235、Q345、Q420钢材，热镀锌防腐。预埋件的锚筋、插入角钢可不需热镀锌防腐。

3.4　焊条：焊条型号为E43、E50。

4　尺寸单位

本图集中除特殊注明外所注尺寸单位均以mm计。

5　设计、施工说明

5.1　本图集仅提供一般常用的构造详图，未涉及的做法，可选用各自的国标图集中相关做法。使用本图集时，尚应按照国家颁布的有关规范和规程的规定执行。

5.2　各部位做法均应符合我国现行各单项设计规程规范、施工操作规程及施工质量验收规范的各项有关规定。

5.3　满足《国家电网公司输变电工程标准工艺　工艺标准库（2012年版）》中相应工艺标准。

5.4　满足基建质量〔2010〕19号《国家电网公司输变电工程质量防治工作要求及技术措施》的要求。

5.5　满足Q/GDW 248—2008《输变电工程建设标准强制性条文实施管理规程》的要求。

6　其他

各分项的施工说明及要求详见各分项的施工说明。

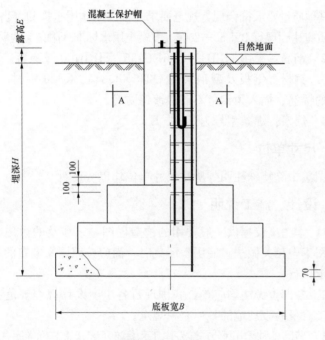

阶梯基础立面图

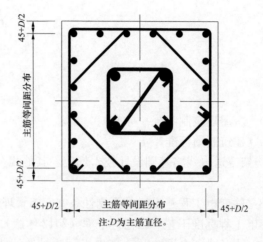

A—A剖面图

注:D为主筋直径。

说明 1. 基坑开挖根据土层地质条件确定放坡系数。
2. 混凝土浇筑前,钢筋、地脚螺栓表面应清理干净。
3. 同组地脚螺栓对立柱中心偏移为8mm。
4. 地脚螺栓及钢筋制作工艺质量良好。
5. 若自然环境对基础有腐蚀作用,钢筋保护层厚度应增加。
6. 基础的混凝土密实,表面平整、光滑,棱角分明,一次成型。
7. 基础混凝土浇筑和基坑回填时,基坑内不得有水。回填石坑时,掺入30%黏性土。
8. 浇筑完成的基础应及时清除地脚螺栓上的残余水泥砂浆,并对基础及地脚螺栓进行保护。

0201010101 阶梯基础施工(一)

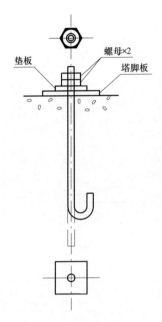

地脚螺栓制造图(一)

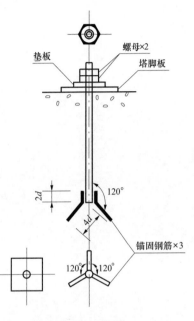

地脚螺栓制造图(二)

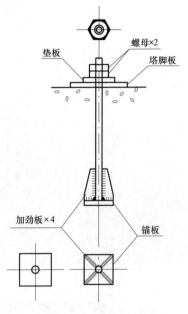

地脚螺栓制造图(三)

说明　1. d为地脚螺栓直径。
　　　2. 螺母、螺纹按国家标准GB/T 192—2003《普通螺纹　基本牙型》、
　　　　GB/T 193—2003《普通螺纹　直径与螺距系列》、GB/T 196—2003
　　　　《普通螺纹　基本尺寸》和GB/T 197—2003《普通螺纹　公差》加工。

0201010101　阶梯基础施工（二）

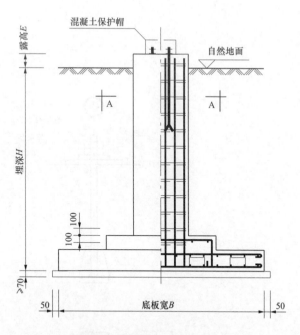

混凝土保护帽
自然地面
露高E
埋深H
100
100
≥70
50
底板宽B
50

直柱大板基础立面图(一)

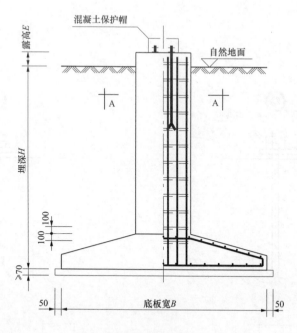

混凝土保护帽
自然地面
露高E
埋深H
100
100
≥70
50
底板宽B
50

直柱大板基础立面图(二)

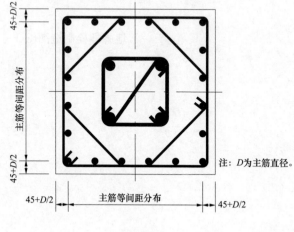

$45+D/2$
主筋等间距分布
$45+D/2$
$45+D/2$ 主筋等间距分布 $45+D/2$

注:D为主筋直径。

A—A剖面图

说明 1. 基坑开挖根据土层地质条件确定放坡系数。
2. 混凝土浇筑前,钢筋、地脚螺栓表面应清理干净。
3. 同组地脚螺栓对立柱中心偏移为8mm。
4. 地脚螺栓及钢筋制作工艺质量良好。
5. 若自然环境对基础有腐蚀作用,钢筋保护层厚度应增加。
6. 基础的混凝土密实,表面平整、光滑,棱角分明,一次成型。
7. 基础混凝土浇筑和基坑回填时,基坑内不得有水。回填石坑时,掺入30%黏性土。
8. 浇筑完成的基础应及时清除地脚螺栓上的残余水泥砂浆,并对基础及地脚螺栓进行保护。
9. 当基坑深度范围内有地下水时,垫层厚度可适当增加。

0201010102 直柱大板基础施工

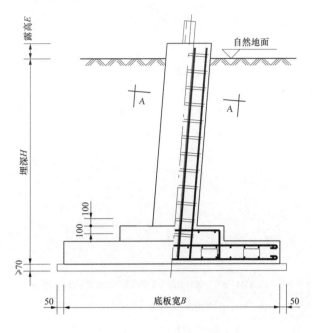

角钢插入基础立面图(一)

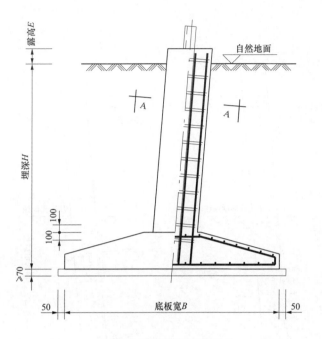

角钢插入基础立面图(二)

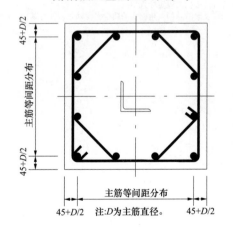

注:D为主筋直径。

A-A剖面图

说明　1. 基坑开挖根据土层地质条件确定放坡系数。
　　　2. 混凝土浇筑前钢筋表面清理干净。
　　　3. 钢筋制作工艺质量良好。
　　　4. 底板或台阶的主筋根数为奇数时,中间一根与插入角钢相碰,可把该钢筋移至插入角钢边放置。
　　　5. 基础主柱为等截面斜柱,其正、侧面的坡度与插入角钢、铁塔主材正、侧面的坡度相同。
　　　6. 若自然环境对基础有腐蚀作用,钢筋保护层厚度应增加。
　　　7. 基础的混凝土密实,表面平整、光滑,棱角分明,一次成型。
　　　8. 基础混凝土浇筑和基坑回填时,基坑内不得有水。回填石坑时,掺入30%黏性土。
　　　9. 角钢插入基础不适用于流沙、泥水、沼泽等地质情况。
　　　10. 当基坑深度范围内有地下水时,垫层厚度可适当增加。

0201010103　角钢插入基础施工（一）

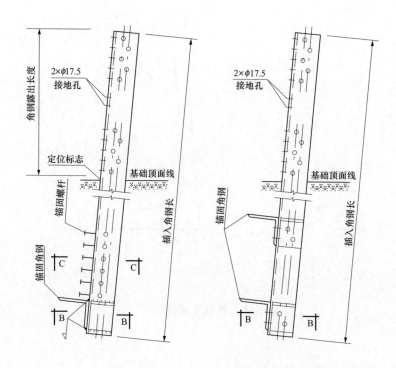

插入角钢大样图(一)　　　插入角钢大样图(二)

说明　1.插入角钢仅上端热镀锌防腐，镀锌长度为基础顶面以上露出长度加100mm。
　　　2.插入角钢制作工艺质量良好。
　　　3.插入角钢必须保证倾角及位置的准确,以保证与铁塔顺利连接,主控中心与插入角钢形心的偏差不大于8mm。
　　　4.混凝土浇筑前插入角钢表面清理干净。
　　　5.焊条型号及焊角尺寸根据工程实际选用。
　　　6.锚固螺杆的连接方式根据工程实际选用。
　　　7.浇筑完成的基础应及时清除插入角钢上的残余水泥砂浆，并对基础进行保护。

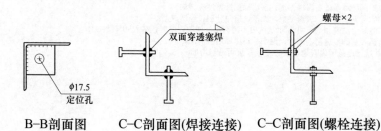

B–B剖面图　　C–C剖面图(焊接连接)　　C–C剖面图(螺栓连接)

0201010103　角钢插入基础施工（二）

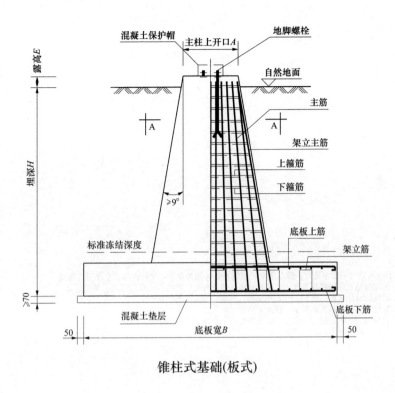

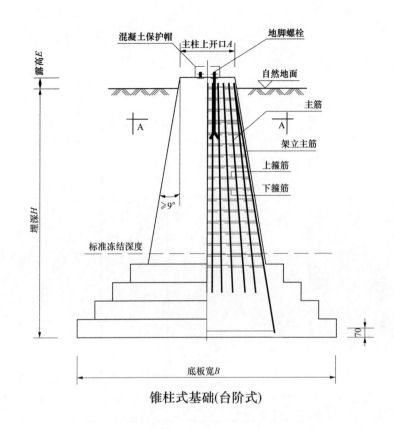

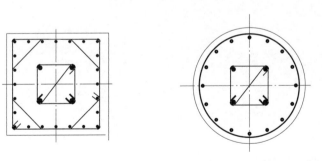

锥柱式基础(板式)

锥柱式基础(台阶式)

说明 1. 基础锥柱表面必须保证光滑，宜在初凝前进行压平、抹光处理。
　　　2. 基础锥柱应延伸至标准冻结深度线以下0.2m。

A-A剖面图(棱台式截面示意图)　　A-A剖面图(圆台式截面示意图)

0201010104 　冻土地质锥柱式基础施工

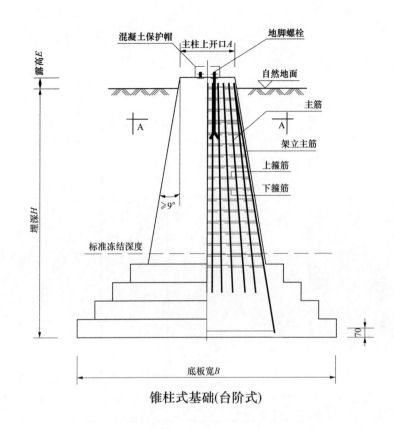

开挖式基础

0201010100

9

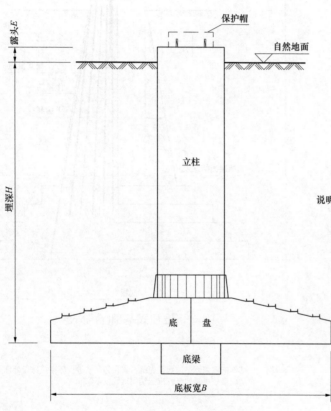

冻土地质装配式基础立面图

说明 1. 基坑开挖前应准备充分，施工人员、机械设备、测量仪器、装配件等应全部到达现场。
2. 基坑开挖宜选择寒冷天气，采用机械连续快速开挖，确保冻土保持稳定、免受扰动。
3. 基坑比设计深度超挖300mm，用细砂石回填、夯实、操平。
4. 基础底盘吊装后及时操平、找正并防腐。
5. 立柱吊装后检查根开、高差、倾斜等数据，合格后及时回填。
6. 采用干燥细砂土均匀回填。

0201010105　冻土地质装配式基础施工（一）

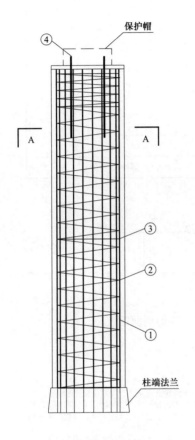

保护帽

④

A —— A

③

②

①

柱端法兰

装配式基础立柱制造图

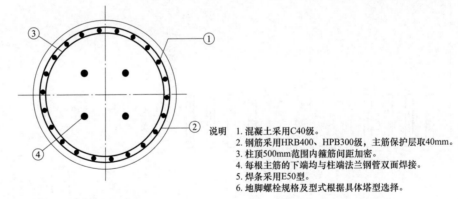

③

①

②

④

A-A剖面图

材 料 表

编号	名称	规格	长度(mm)	单位	数量	质量(kg)			备注
						一件	小计	合计	
①	主筋								
②	外箍筋								
③	内箍筋								
④	地脚螺栓								
合计	C40级混凝土：××××m³ 部件总质量：××××kg								

说明 1. 混凝土采用C40级。
2. 钢筋采用HRB400、HPB300级，主筋保护层取40mm。
3. 柱顶500mm范围内箍筋间距加密。
4. 每根主筋的下端均与柱端法兰钢管双面焊接。
5. 焊条采用E50型。
6. 地脚螺栓规格及型式根据具体塔型选择。

0201010105 冻土地质装配式基础施工（二）

开挖式基础

0201010100

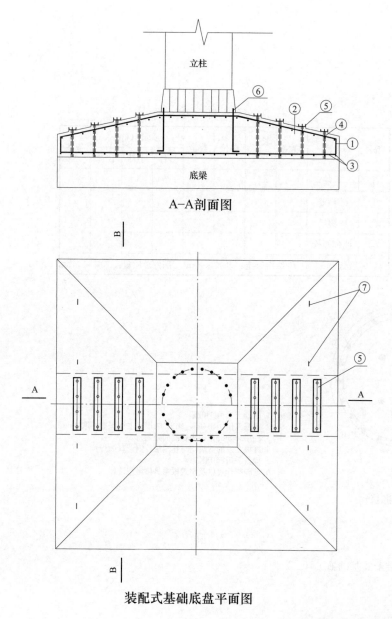

A–A剖面图

立柱

底梁

装配式基础底盘平面图

材　料　表

编号	名称	规格	长度(mm)	单位	数量	质量（kg）			备注
						一件	小计	合计	
①	上层主筋								
②	上层主筋								
③	下层主筋								
④	钢管								
⑤	槽钢								
⑥	锚栓								
⑦	吊环								
合计	C40级混凝土：××××m³　部件总质量：××××kg								

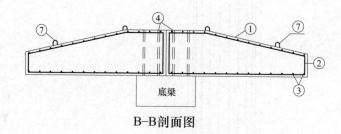

底梁

B–B剖面图

吊环详图

说明　1. 每个基础的底盘为两块，混凝土采用C40级。
　　　2. 钢筋采用HRB400、HPB300级，主筋保护层取40mm。
　　　3. 吊环应与底盘上层主筋绑扎牢靠。预制厂可根据放样
　　　　 加工情况微调吊环的位置。
　　　4. 锚栓的制造见冻土地质装配式基础施工(六)。

0201010105　冻土地质装配式基础施工（三）

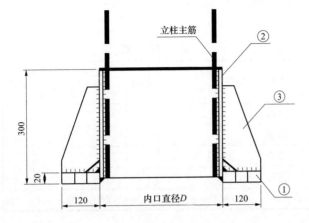

材　料　表

编号	名称	规格	长度(mm)	单位	数量	质量（kg）			备注
						一件	小计	合计	
①	法兰板				1				
②	柱端钢管				1				
③	加劲板				22				

③ 加劲板大样图

说明　1. 钢板、钢管均采用Q345材质。
　　　2. 焊条采用E50型，焊脚尺寸取10mm。
　　　3. 法兰的尺寸大小根据具体塔型选择。
　　　4. 22块加劲板等间距环向分布，注意处于
　　　　 两块底盘接缝上的两个格内不打锚栓孔。

装配式基础柱端法兰制造图

0201010105　冻土地质装配式基础施工（四）

0201010100

13

材　料　表

编号	名称	规格	长度（mm）	单位	数量	质量（kg）			备注
						一件	小计	合计	
①	主筋								
②	箍筋								
③	锚栓								
④	吊环								
合计	C40级混凝土：××××m³ 部件总质量：××××kg								

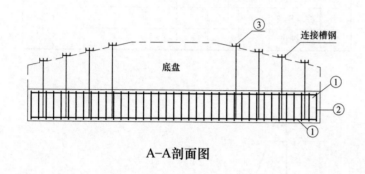

A—A剖面图

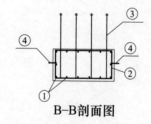

B—B剖面图

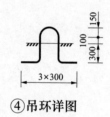

④吊环详图

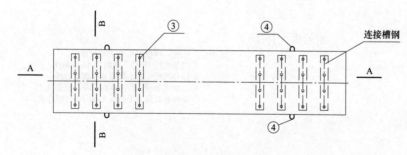

装配式基础底梁上平面图

说明　1. 混凝土采用C40级。
　　　2. 钢筋采用HRB400、HPB300级，主筋保护层取40mm。
　　　3. 吊环应与底梁中部主筋及箍筋绑扎牢靠。预制厂可根据
　　　　 放样加工情况微调吊环的位置。
　　　4. 锚栓的制造见冻土地质装配式基础施工（六）。

0201010105　冻土地质装配式基础施工（五）

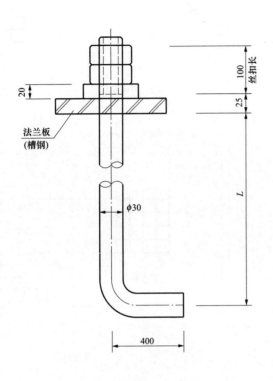

装配式基础锚栓制造图

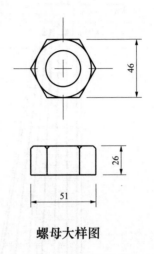

螺母大样图

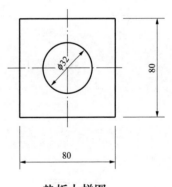

垫板大样图

说明　1. 锚栓等级为6.8级，垫板采用Q235材质。
　　　2. 螺母、螺纹按国家标准GB/T 192—2003《普通螺纹　基本牙型》、GB/T 193—2003《普通螺纹　直径与螺距系列》、GB/T 196—2003《普通螺纹　基本尺寸》和GB/T 197—2003《普通螺纹　公差》加工。
　　　3. 注意不同部位锚栓的长度L不相同。

0201010105　冻土地质装配式基础施工（六）

开挖式基础　0201010100

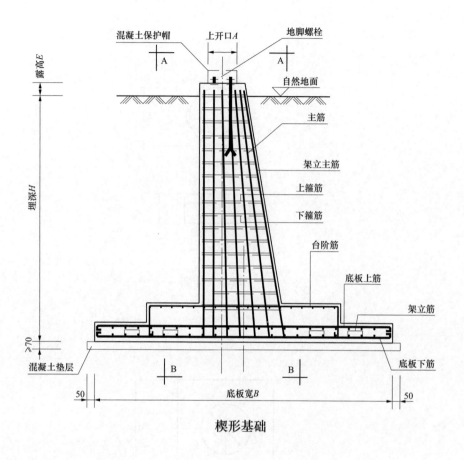

楔形基础

混凝土保护帽　　上开口A　　地脚螺栓
露高E
埋深H
自然地面
主筋
架立主筋
上箍筋
下箍筋
台阶筋
底板上筋
架立筋
底板下筋
≥70
混凝土垫层
50　　底板宽B　　50

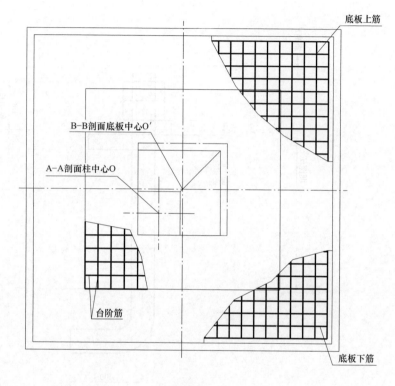

平面图

底板上筋
B-B剖面底板中心O'
A-A剖面柱中心O
台阶筋
底板下筋

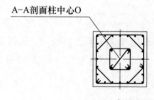

A-A剖面柱中心O

A-A剖面图

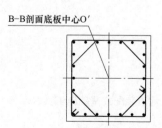

B-B剖面底板中心O'

B-B剖面图

0201010106　楔形基础施工

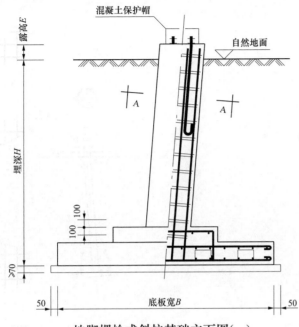

地脚螺栓式斜柱基础立面图(一)

地脚螺栓式斜柱基础立面图(二)

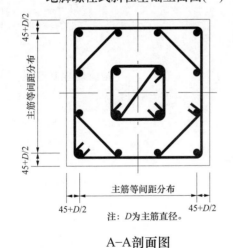

注：D为主筋直径。

A—A剖面图

说明 1. 基坑开挖根据土层地质条件确定放坡系数。
2. 基础主柱为等截面斜柱，其正、侧面的坡度与铁塔主材正、侧面的坡度相同。
3. 地脚螺栓需要火曲。
4. 混凝土浇筑前，钢筋、地脚螺栓表面应清理干净。地脚螺栓外露部分保持竖直，浇筑部分方向与斜柱方向保持一致。
5. 地脚螺栓及钢筋制作工艺质量良好。
6. 同组地脚螺栓对立柱中心偏移为8mm。
7. 若自然环境对基础有腐蚀作用，钢筋保护层厚度应增加。
8. 基础的混凝土密实，表面平整、光滑，棱角分明，一次成型。
9. 基础混凝土浇筑和基坑回填时，基坑内不得有水。回填石坑时，掺入30%黏性土。
10. 浇筑完成的基础应及时清除地脚螺栓上的残余水泥砂浆，并对基础及地脚螺栓进行保护。
11. 当基坑深度范围内有地下水时，垫层厚度可适当增加。

0201010107　地脚螺栓式斜柱基础施工（一）

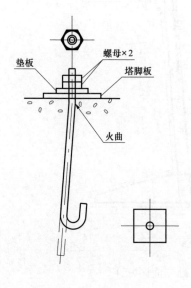

地脚螺栓制造图(一)

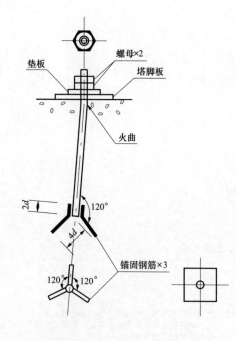

地脚螺栓制造图(二)

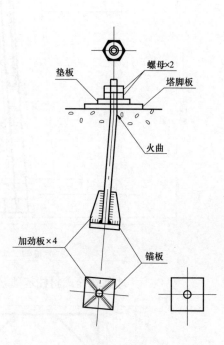

地脚螺栓制造图(三)

说明　1. d 为地脚螺栓直径。
　　　2. 螺母、螺纹按国家标准GB/T 192—2003《普通螺纹　基本牙型》、
　　　　 GB/T 193—2003《普通螺纹　直径与螺距系列》、GB/T 196—2003
　　　　 《普通螺纹　基本尺寸》和GB/T 197—2003《普通螺纹　公差》加工。
　　　3. 地脚螺栓需要火曲，火曲后地脚螺栓坡度与铁塔主材的坡度相同。
　　　4. 地脚螺栓火曲后应100%无损伤探测。

0201010107　地脚螺栓式斜柱基础施工（二）

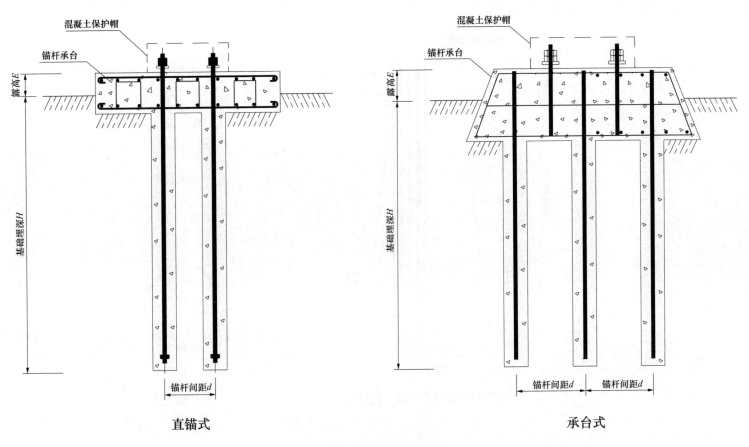

混凝土保护帽

锚杆承台

露高 E

基础埋深 H

锚杆间距 d

直锚式

混凝土保护帽

锚杆承台

露高 E

基础埋深 H

锚杆间距 d　锚杆间距 d

承台式

岩石锚杆基础示意图

说明　1. 锚杆下端采取的锚固型式，应根据设计要求确定。
　　　2. 岩石成孔后，用高压空气或用水清洗孔壁。
　　　3. 在塔位地质情况未进行鉴定、验槽、确定采用锚杆基础前，不得提前加工地脚螺栓。
　　　4. 先做单孔锚杆试验再施工基础。基础施工必须坚持上一道工序未经验收合格不得进行下一道工序的施工。
　　　5. 施工前应先清除表面覆土，保证基础承台嵌入强风化岩层中。
　　　6. 清理基面施工不得扰动下部基岩，同时应避免基面处形成封闭的土坑，以防塔基积水。

0201010201　岩石锚杆基础施工

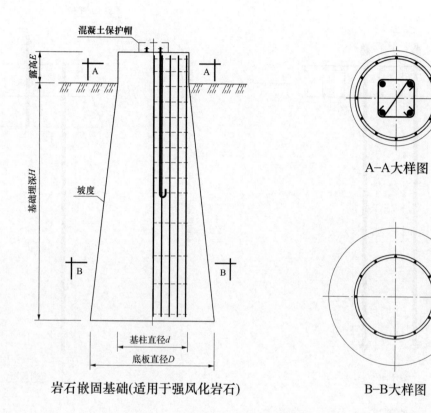

混凝土保护帽

露高E

基础埋深H

坡度

基柱直径d

底板直径D

岩石嵌固基础(适用于强风化岩石)

A–A大样图

B–B大样图

说明　1.基础坡度应为1/8~1/6。
　　　2.地脚螺栓末端采取的锚固措施，应根据设计要求确定。

0201010202　岩石嵌固基础施工（一）

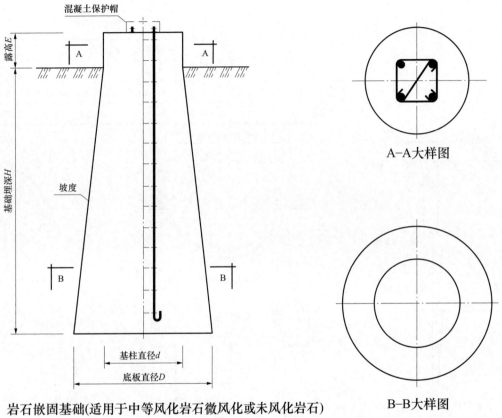

混凝土保护帽

露高E

基础埋深H

坡度

基柱直径d

底板直径D

岩石嵌固基础(适用于中等风化岩石微风化或未风化岩石)

A—A大样图

B—B大样图

说明　1.基础坡度应为1/8~1/6。
　　　2.地脚螺栓末端采取的锚固措施，应根据设计要求确定。

0201010202　岩石嵌固基础施工（二）

护壁每延米材料量											
基础孔径（m）	1.0	1.1	1.2	1.3	1.4	1.5	1.6	1.7	1.8	1.9	2.0
混凝土（m³/m）	0.54	0.59	0.64	0.68	0.73	0.78	0.82	0.87	0.92	0.97	1.01
钢筋（kg/m）	21.70	23.42	25.14	26.86	29.16	30.88	32.60	34.32	36.04	37.68	39.40

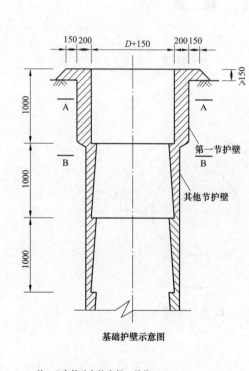

基础护壁示意图

注：D为基础主柱直径，单位mm。

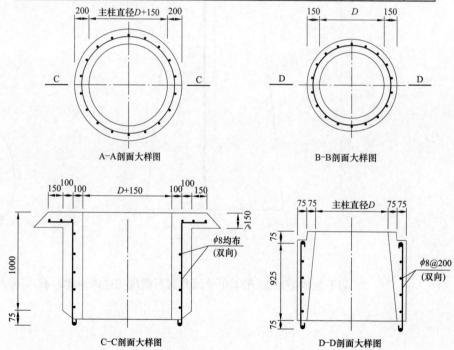

A-A剖面大样图

B-B剖面大样图

C-C剖面大样图

D-D剖面大样图

0201010203　掏挖基础施工（一）

22

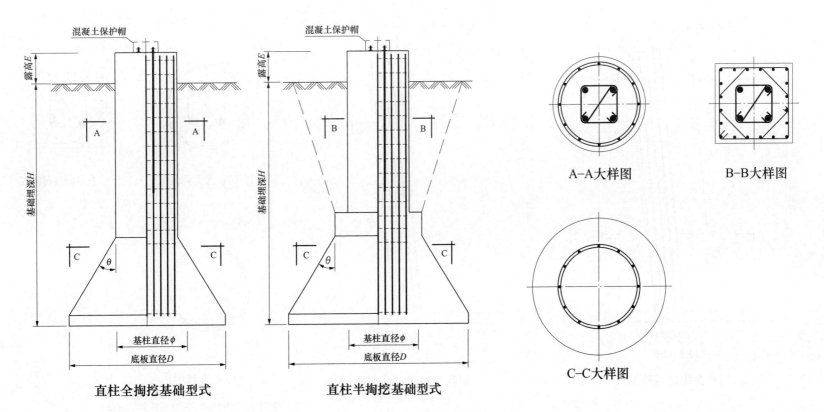

混凝土保护帽

露高E

基础埋深H

A   A

C   C

θ

基柱直径φ

底板直径D

直柱全掏挖基础型式

混凝土保护帽

露高E

基础埋深H

B   B

C   C

θ

基柱直径φ

底板直径D

直柱半掏挖基础型式

A-A大样图

B-B大样图

C-C大样图

说明 1. 地脚螺栓下端锚固型式，应根据设计要求实施。
　　　2. 基础图中θ值应≤45°。

0201010203　掏挖基础施工（二）

原状土基础

0201010200

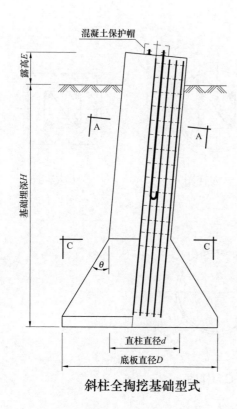

斜柱全掏挖基础型式

混凝土保护帽

露高 E

基础埋深 H

直柱直径 d

底板直径 D

斜柱半掏挖基础型式

混凝土保护帽

露高 E

基础埋深 H

基柱直径 d

底板直径 D

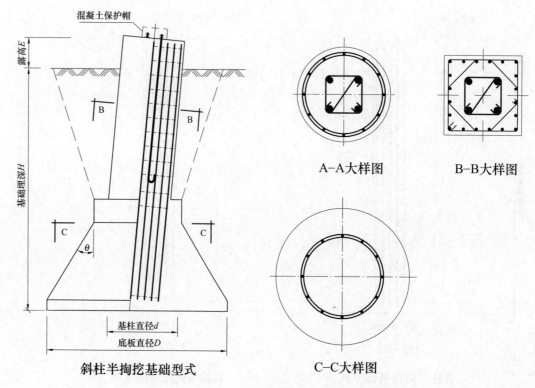

A-A大样图　　B-B大样图

C-C大样图

说明　1. 地脚螺栓下端的锚固措施,应根据设计要求实施。
　　　　2. 基础图中θ值应≤45°。

0201010203　掏挖基础施工（三）

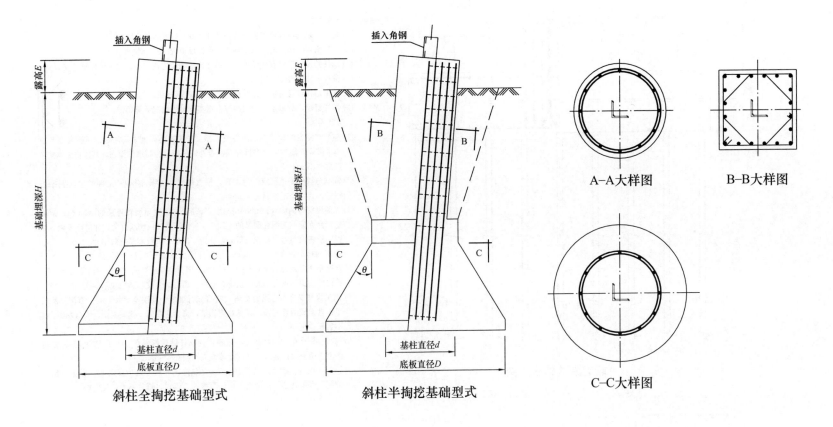

插入角钢

插入角钢

露高 *E*

露高 *E*

基础埋深 *H*

基础埋深 *H*

θ

θ

基柱直径 *d*

基柱直径 *d*

底板直径 *D*

底板直径 *D*

斜柱全掏挖基础型式

斜柱半掏挖基础型式

A-A大样图

B-B大样图

C-C大样图

说明 1. 插入角钢伸入到基础底面。
      2. 基础图中θ值应≤45°。

0201010203　掏挖基础施工（四）

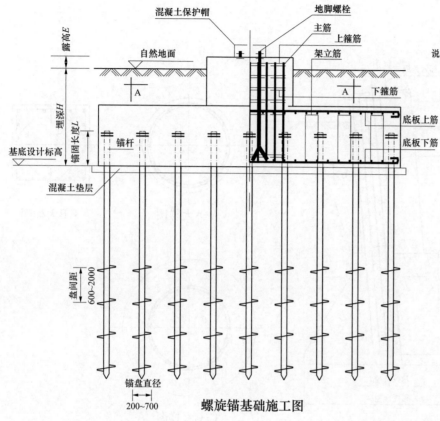

螺旋锚基础施工图

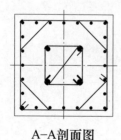

A—A剖面图

说明 1. 基本要求：
(1) 螺旋锚基础应根据工程具体条件和实际运行经验确定防腐措施。
(2) 当采用直锚形式时，锚杆锚入承台深度应大于3.5倍锚杆直径。
(3) 螺杆的连接形式有螺纹连接、销孔连接和铰连接三种，宜采用螺纹连接方式。
(4) 锚杆中需灌入M5级水泥砂浆。
(5) 单根锚杆锚盘数量按计算确定，但不宜大于5片。
(6) 锚杆直径、数量及布置间距等根据实际地质情况计算确定。
2. 工艺要求：
(1) 锚杆与锚盘的焊接按二级焊缝，施工图中焊缝高度未标注时，焊缝高度不得小于被焊件厚度，除进行外观检查外，还应进行超声波探伤，其探伤比例按生产批次不少于20%。
(2) 锚盘与锚杆的连接应保持垂直，锚盘螺旋外边缘与锚杆中心线的垂直距离应相等，其误差不宜超过±3mm。
(3) 无缝钢管弯曲度≤1.5mm/m，钢管外径允许偏差为钢管外径的±1.0%，钢管壁厚允许偏差为钢管壁厚的±12.5%。钢管两端应切成直角，并清除毛刺。钢管内外表面不得有裂缝、折叠、轧折、离层、发纹和结疤缺陷存在。
(4) 焊接钢管弯曲度≤1.5mm/m，钢管外径允许偏差为钢管外径的±1.0%，钢管壁厚允许偏差为钢管壁厚的±12.5%。钢管两端应切成直角，并清除毛刺。钢管内外表面不得有裂缝、折叠、轧折、离层、发纹和结疤缺陷存在。
(5) 锚盘面与锚杆中心线的交角应符合设计要求，其误差不大于1°。有两片及以上锚盘组成的螺旋锚，其螺距应相等，锚盘应在同一螺旋面上，锚盘螺距误差不宜超过±3mm。
(6) 施工钻进中应严格控制锚杆倾斜，其锚杆钻进倾斜角不大于1/50。锚杆施钻深度应符合设计要求，其深度偏差应控制在-50mm之内。
(7) 锚杆不应在已扰动的土壤中进行施工钻进，原状土发生扰动时，应更换钻杆位置。当锚杆钻入深度大于设计深度的50%时，锚杆不允许反向旋转。

0201010204　螺旋锚基础施工

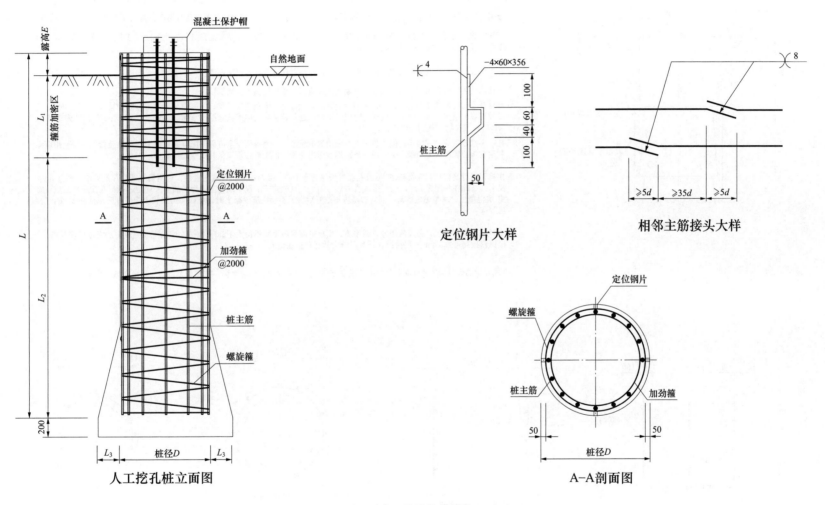

混凝土保护帽

自然地面

露高E

箍筋加密区 L_1

L

L_2

定位钢片
@2000

加劲箍
@2000

桩主筋

螺旋箍

200

L_3　　桩径D　　L_3

人工挖孔桩立面图

定位钢片大样

$-4×60×356$

桩主筋

100

60

40

100

50

相邻主筋接头大样

$≥5d$ 　 $≥35d$ 　 $≥5d$

8

A-A剖面图

定位钢片

螺旋箍

桩主筋

加劲箍

50 　 桩径D 　 50

0201010301　人工挖孔桩基础施工（一）

桩基础

0201010300

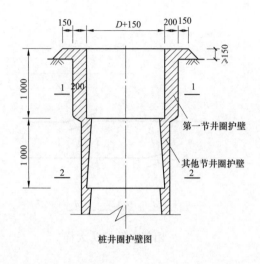

桩井圈护壁图

施工要求

1.如塔位处地下水位较浅,施工单位应采取护壁,确保不塌孔。设置护壁的方式可按照本说明中的护壁详图进行。

2.根据地质条件考虑安全作业区,一般在相邻5m范围内有掏挖孔正在浇注混凝土或有掏挖孔蓄满深水时,不得下井作业。

3.桩孔四周一般需设置护栏,护栏高度不宜低于0.8m;挖出的土石方应及时运离孔口,且应随时注意清理孔口四周5m范围内的碎石及其他重物,以保证施工安全。

4.弃土堆放按铁塔及基础配置表的要求进行,但应注意保证基础露出地面高度不小于0.5m。

5.桩孔的地质条件为风化岩石时宜采用风镐机械开凿,严禁放炮施工扰动坑壁。

6.每日开工前及掏挖孔掏挖过程中,必须检测井内有无毒害气体和缺氧现象,并应有足够的安全防护措施。 施工时应采取可靠的通风设施,确保孔内作业时空气清新,避免缺氧。当掏挖孔掏挖深度超过10m时,还应有专门向井内送风的设备,送风量不应少于25L/s。

7.孔内必须设置应急软爬梯,供人员上下井使用的电葫芦、吊笼等须安全可靠并配合有自动卡紧保险装置,不得使用麻绳和尼龙绳或脚踏井壁凸缘上下,电葫芦宜用按钮式开关,使用前必须检验其安全起吊能力。

8.掏挖至设计高程后,应将孔(护)壁及孔底残渣等清理干净,及时检查验收成孔质量,合格后立即浇注混凝土,严禁孔内积水。基础在冬期施工时,应严格遵照JGJ/T 104—2011《建筑工程冬期施工规程》的有关规定进行。孔掏挖好后应及时浇筑混凝土,尽量缩短暴露时间。若基坑掏挖好后当天不能浇筑混凝土时。坑底部的原状土应做好防冻措施(如覆盖保温层等)。

9.浇注基础混凝土时,必须使用导管或串筒,出料口离混凝土面不得大于2m,应一次连续浇注完成,边浇边用插入式振捣器按高度每0.4m 一层振捣,严禁混凝土从孔口直接倒入。

10.加劲箍筋焊成封闭式圆圈后与桩主筋逐点点焊。定位钢片间隔均匀地焊在桩主筋上,同一平面布置不少于3个。

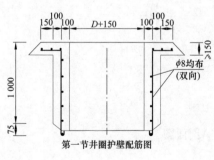

第一节井圈护壁配筋图

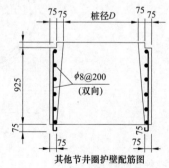

其他节井圈护壁配筋图

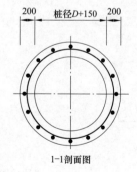

1-1剖面图

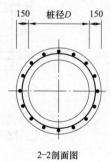

2-2剖面图

0201010301　人工挖孔桩基础施工(二)

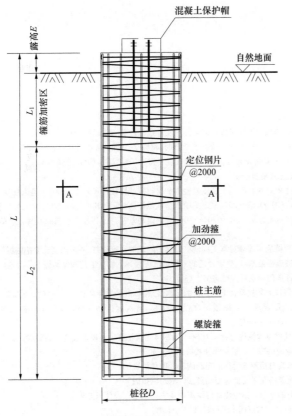

灌注桩立面图

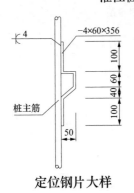

定位钢片大样

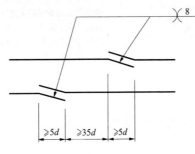

相邻主筋接头大样

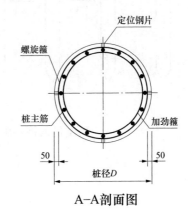

A-A剖面图

说明 1. 基本要求:
(1) 灌注桩纵筋保护层厚度为50mm,当不能满足实际工程的耐久性要求时,应根据实际情况进行调整。
(2) 加劲箍筋焊成封闭式圆圈后与桩主筋逐点点焊。定位钢片间隔均匀地焊在桩主筋上,同一平面布置不少于3个。
2. 施工工艺及质量控制:
(1) 成孔。
1) 成孔工艺应根据设计要求、地质情况及施工单位机械设备和技术条件等优化选择。
2) 成孔至设计深度后,应按规范进行检查,确认符合要求后方可进行下道工序施工。
(2) 清孔。
1) 清孔方法应根据成孔工艺、桩孔规格、设计要求、地质条件等因素合理选择。
2) 孔底沉渣或虚土厚度应符合规范规定,验收合格后方可进行下道工序施工。
(3) 钢筋笼制作安装:钢筋笼在起吊、运输中应采取措施防止变形,校正就位后应立即固定。
(4) 灌注混凝土:水下灌注混凝土必须具备良好的和易性,配合比应通过试验确定。必须连续灌注,对灌注过程中的故障应记录备案。
(5) 桩基工程质量检查和验收。
1) 桩的质量须采用低应变法进行逐根无损伤检测,保证桩身无断层、夹层、缩颈,质量优良。
2) 桩基础的施工容许偏差应满足JGJ 94—2008《建筑桩基础技术规范》中的要求。

0201010302 钻孔灌注桩基础施工

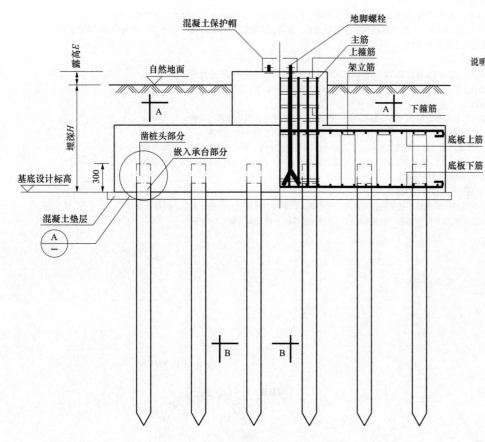

混凝土保护帽
地脚螺栓
主筋
上箍筋
架立筋
露高E
自然地面
A
A
下箍筋
埋深H
凿桩头部分
嵌入承台部分
底板上筋
底板下筋
基底设计标高
300
混凝土垫层
A
—
B
B

预制贯入桩基础施工图

0201010303　预制贯入桩沉桩施工（一）

说明　1. 基本要求：
(1) 预制桩基础应根据工程具体条件和实际运行经验确定防腐措施。
(2) 桩身锚入承台300mm，待施工承台时，将桩头200mm高范围内的混凝土凿掉，露出桩身主筋，与后焊钢筋双面焊，焊缝长度不得小于5d，锚入承台，见详图A。
2. 施工工艺及质量控制：
(1) 混凝土桩、承台的施工及质量检查和验收应严格按照JGJ 94—2008《建筑桩基技术规范》、GB 50007—2011《建筑地基基础设计规范》、DL/T 5024—2005《电力工程地基处理技术规程》、GB 50202—2002《建筑地基基础工程施工质量验收规范》的要求进行。
(2) 在工程桩施工前须对本工程试桩方案中的试桩进行试打，并采用高应变法进行试打桩的打桩过程监测，以确定合适的工程桩沉桩设备、施工工艺和停锤标准，确定后应提交设计部门同意后方可施工工程桩。
(3) 桩的施打工艺应符合重锤轻击的原则，停锤标准采取标高和贯入度双控(标高和贯入度均需满足要求)，以桩顶标高控制为主，贯入度控制为辅，最后三阵贯入度控制在50~100mm/10击。
(4) 工程桩质量检测应符合JGJ 106—2003《建筑基桩检测技术规范》的要求，工程桩质量检测的的内容、数量和抽检桩的分布如下：
1) 桩的承载力检测采用高应变动测法：取总桩数的5%。
2) 桩身质量检测采用低应变动测法：取总桩数的30%。
3) 抽检桩的分布方案应由监理组织、业主、监理、设计三方确定。
(5) 打桩后，应对桩间土进行标准贯入检测。
(6) 其他未尽事宜均按现行施工及验收规范执行。
(7) 预制桩要有厂家资质、出厂合格证、强度试验报告。
(8) 桩的允许偏差应满足下列规定：
1) 桩垂直度偏差：<0.5%。
2) 桩位中心偏差：±50mm。

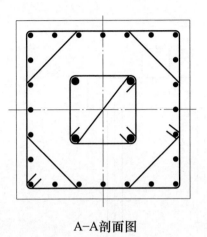

A-A剖面图

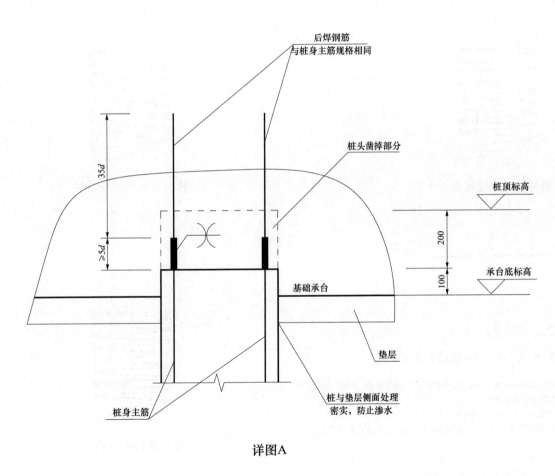

后焊钢筋
与桩身主筋规格相同

桩头凿掉部分

桩顶标高

基础承台

承台底标高

垫层

桩身主筋

桩与垫层侧面处理
密实，防止渗水

详图A

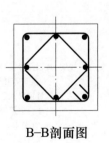

B-B剖面图

0201010303　预制贯入桩沉桩施工（二）

桩基础

0201010300

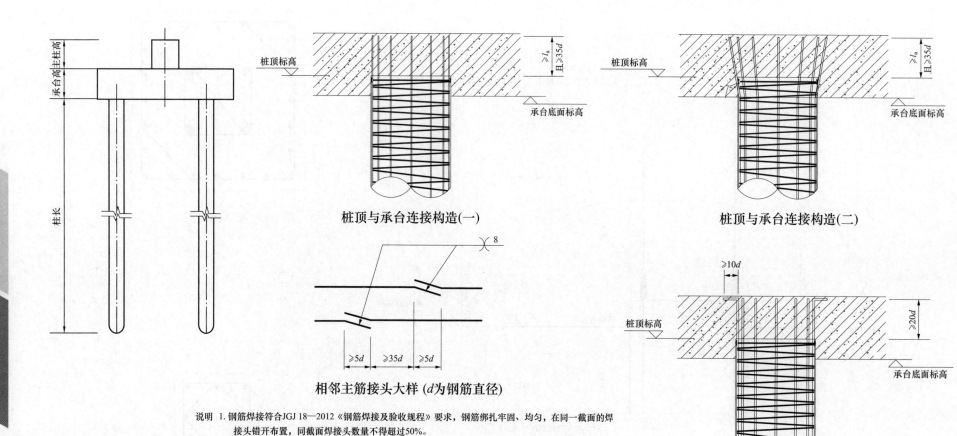

桩顶与承台连接构造(一)

桩顶与承台连接构造(二)

相邻主筋接头大样 (d为钢筋直径)

桩顶与承台连接构造(三)

说明 1. 钢筋焊接符合JGJ 18—2012《钢筋焊接及验收规程》要求,钢筋绑扎牢固、均匀,在同一截面的焊
        接头错开布置,同截面焊接头数量不得超过50%。
      2. 桩顶嵌入承台的长度,当桩径D<800mm时不宜小于50mm,当D≥800mm时不宜小于100mm。
      3. 承台钢筋绑扎前必须将灌注桩桩头浮浆部分去除,并保证桩体埋入承台长度和钢筋锚固长度符合设
        计要求。
      4. 承台施工应满足JGJ 94—2008《建筑桩基技术规范》、GB 50007—2011《建筑地基基础设计规范》、
        GB 50202—2002《建筑地基基础工程施工质量验收规范》的要求。
      5. l_a为钢筋的锚固长度。

0201010304 承台及连梁浇筑(一)

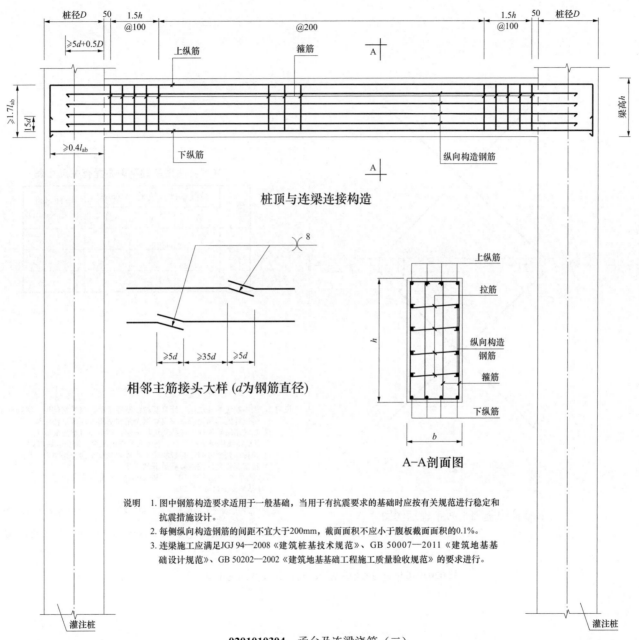

桩径D 50 1.5h @100

@200

1.5h @100 50 桩径D

≥5d+0.5D

上纵筋

箍筋

A

梁高h

≥1.7l_ab

15d

下纵筋

纵向构造钢筋

A

≥0.4l_ab

桩顶与连梁连接构造

8

≥5d ≥35d ≥5d

相邻主筋接头大样 (d为钢筋直径)

上纵筋

拉筋

h

纵向构造钢筋

箍筋

下纵筋

b

A-A剖面图

说明 1. 图中钢筋构造要求适用于一般基础,当用于有抗震要求的基础时应按有关规范进行稳定和抗震措施设计。
2. 每侧纵向构造钢筋的间距不宜大于200mm,截面面积不应小于腹板截面面积的0.1%。
3. 连梁施工应满足JGJ 94—2008《建筑桩基技术规范》、GB 50007—2011《建筑地基基础设计规范》、GB 50202—2002《建筑地基基础工程施工质量验收规范》的要求进行。

灌注桩

灌注桩

0201010304 承台及连梁浇筑(二)

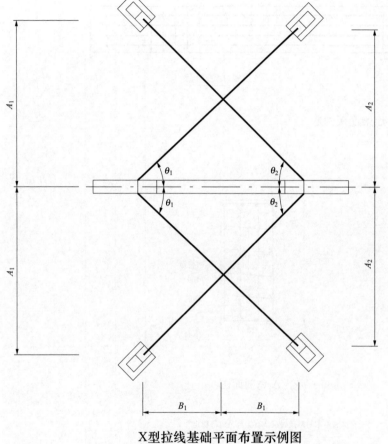

X型拉线基础平面布置示例图

×××拉线塔基础平面布置有关尺寸表

塔型	拉线基础分坑尺寸（mm）			塔柱基础根开（mm）
	A_1	A_2	B_1	

说明 1. 表中拉线的分坑尺寸计算至拉线基础顶面，仅供定位用。实际分坑尺寸应根据塔位处的实际地形、拉线对地夹角和基础埋深等重新计算。
2. 拉线塔基础放样时应核实边坡稳定控制点在自然地面以下。
3. X型拉线应保证拉线交叉处留有足够的空隙，避免互相磨碰。
4. 拉棒的倾斜方向应与拉线成一直线，且处于同一平面内。
5. 拉线基础允许偏差应满足下列规定：
(1) 埋深允许偏差为+100mm和-0mm(即不允许有负偏差)。
(2) 基础断面尺寸：-1%。
(3) 拉环中心与设计位置的偏移：20mm。
(4) 基础沿拉线方向的前、后、左、右与设计位置的偏移不应超过拉环中心至杆塔拉线固定点水平距离的1%。
(5) 沿拉线安装方向前后的允许位移，其对地夹角与设计值之差不超过1°。
(6) 基础根开及分坑尺寸：±1.6‰。

0201010401　拉线塔基础浇筑及拉线基础施工（一）

34

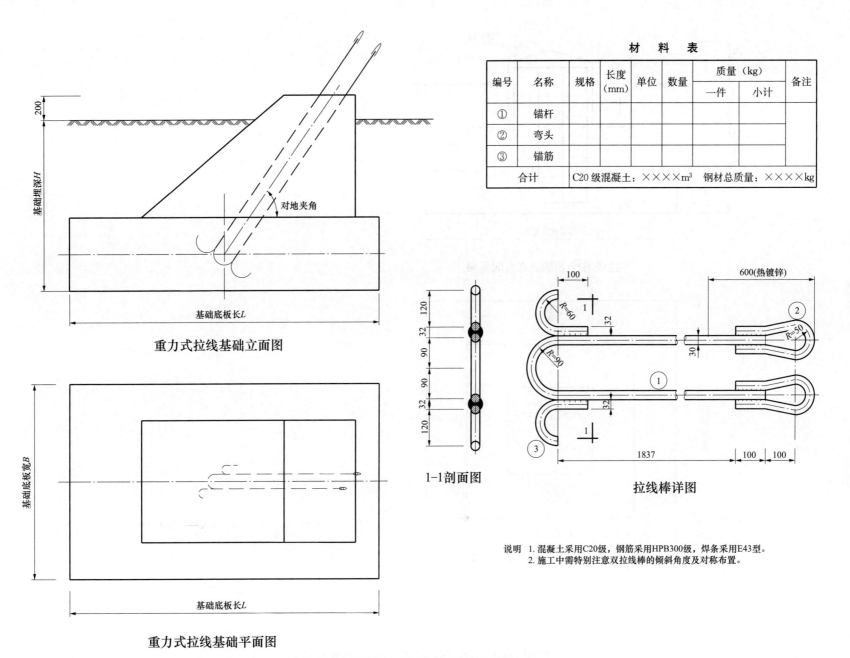

材料表

编号	名称	规格	长度 (mm)	单位	数量	质量（kg） 一件	质量（kg） 小计	备注
①	锚杆							
②	弯头							
③	锚筋							
合计		C20级混凝土：××××m³				钢材总质量：××××kg		

重力式拉线基础立面图

1—1剖面图

拉线棒详图

重力式拉线基础平面图

说明　1. 混凝土采用C20级，钢筋采用HPB300级，焊条采用E43型。
　　　2. 施工中需特别注意双拉线棒的倾斜角度及对称布置。

0201010401　拉线塔基础浇筑及拉线基础施工（二）

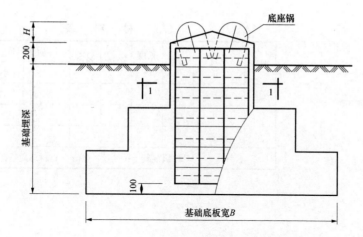

底座锅

拉线塔柱下基础立面配筋图

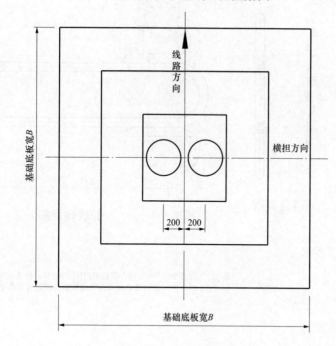

说明 1. 混凝土采用C20级，钢板采用Q235级，钢筋采用HPB300级。
2. 主筋净保护层取45mm，腐蚀性环境适当加大。
3. 底座锅的制造见另页。
4. 拉线塔柱下基础允许偏差应满足下列规定：
(1) 基础埋深允许偏差为+100mm和-50mm。
(2) 基础立柱断面尺寸：-0.8%。
(3) 钢筋保护层厚度：-5mm。

拉线塔柱下基础平面图

0201010401 拉线塔基础浇筑及拉线基础施工（三）

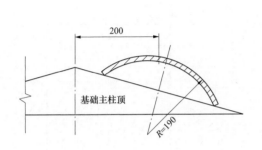

底座锅位置大样图

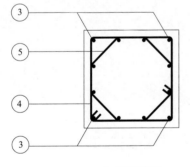

1-1剖面图

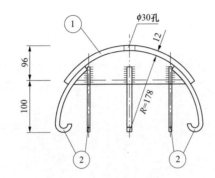

2-2剖面图

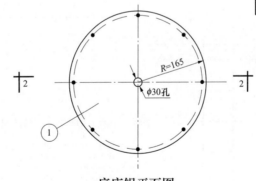

底座锅平面图

拉线塔柱下基础材料表

编号	名称	规格	长度(mm)	单位	数量	质量（kg）		备注
						一件	小计	
①	底座锅							
②	锅底锚筋							
③	柱主筋							
④	箍筋							
⑤	箍筋							
合计	C20 级混凝土：××××m³				钢材总质量：××××kg			

说明 1. 底座锅的放置应与横担方向一致。
2. 锅顶相对位置及主柱顶倾斜度必须使用专门模具，以保证铁塔就位时位置准确。
3. 底座热镀锌防腐；埋入混凝土内的锚固钢筋可不镀锌。
4. 锚固钢筋双面焊缝高8mm。
5. 底座锅球面预埋浇筑时应捣固严实，并及时抹净球表面存留的水泥砂浆。
6. 底座锅的施工允许偏差应满足下列规定：
(1) 基础预埋底座锅钢球面顶面高差5mm。
(2) 基础预埋底座锅钢球面中心与基础立柱中心偏移不大于8mm。
(3) 基础预埋底座锅钢球面的外露高度，误差不超过±5mm。

0201010401　拉线塔基础浇筑及拉线基础施工（四）

拉线杆塔基础

0201010400

37

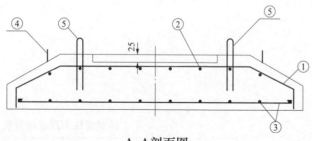

A–A剖面图

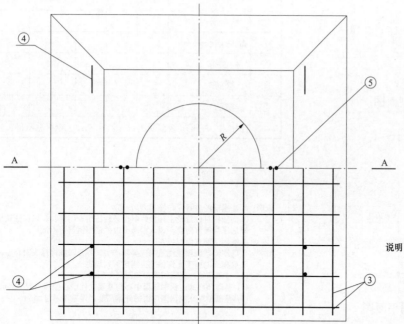

底盘平面配筋图

0201010402　混凝土电杆基础施工（一）

材 料 表

编号	名称	规格	长度(mm)	单位	数量	质量（kg）			备注
						一件	小计	合计	
①	上层主筋								
②	上层主筋								
③	下层主筋								
④	吊环								
⑤	挂环								
合计	C20级混凝土：××××m³　部件总质量：××××kg								

说明　1. 混凝土采用C20级，钢筋采用HPB300级。
　　　2. 主筋净保护层取40mm，腐蚀性环境适当加大。
　　　3. 底盘上平面的圆槽半径 R 比电杆半径大10mm。
　　　4. 底盘的安装应在基坑的土质、坑深、保护范围等检验合格后进行。
　　　5. 底盘圆槽内平面应与电杆轴线垂直，找正后采取措施防止底盘移动。
　　　6. 底盘的埋深允许偏差为+100mm和−50mm。

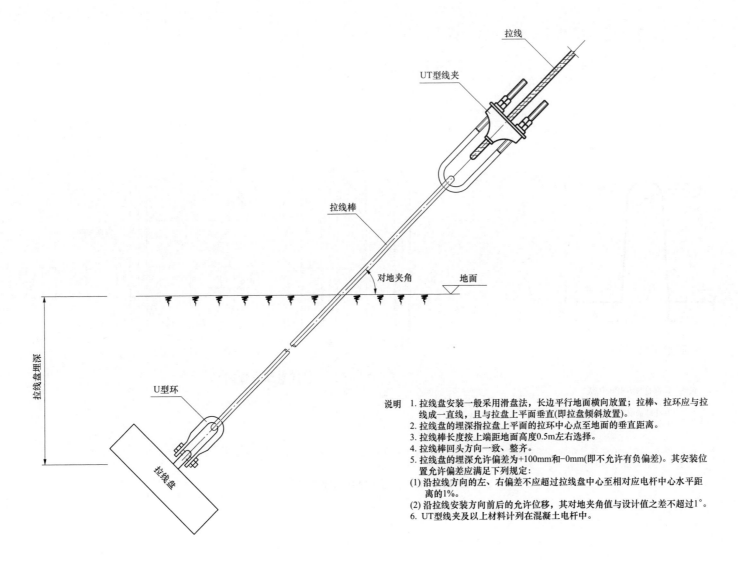

拉线

UT型线夹

拉线棒

对地夹角

地面

拉线盘埋深

U型环

拉线盘

说明　1. 拉线盘安装一般采用滑盘法，长边平行地面横向放置；拉棒、拉环应与拉线成一直线，且与拉盘上平面垂直(即拉盘倾斜放置)。
2. 拉线盘的埋深指拉盘上平面的拉环中心点至地面的垂直距离。
3. 拉线棒长度按上端距地面高度0.5m左右选择。
4. 拉线棒回头方向一致、整齐。
5. 拉线盘的埋深允许偏差为+100mm和-0mm(即不允许有负偏差)。其安装位置允许偏差应满足下列规定:
(1) 沿拉线方向的左、右偏差不应超过拉线盘中心至相对应电杆中心水平距离的1%。
(2) 沿拉线安装方向前后的允许位移，其对地夹角值与设计值之差不超过1°。
6. UT型线夹及以上材料计列在混凝土电杆中。

拉线基础及零件组装图

0201010402　混凝土电杆基础施工（二）

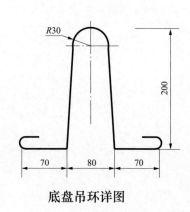

底盘吊环详图

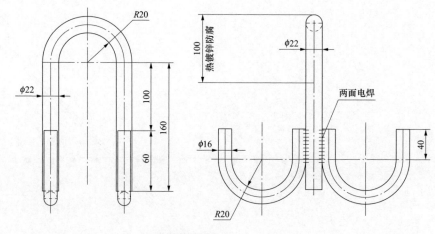

底盘挂环详图

说明　1. 钢筋采用HPB300级。
　　　2. 吊环应与底盘上层主筋绑扎牢靠。
　　　3. 挂环锚固钢筋双面焊缝高8mm。
　　　4. 焊条采用E43型。

0201010402　混凝土电杆基础施工（三）

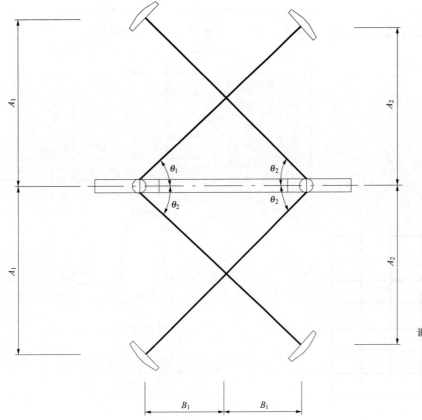

X型拉线基础平面布置示例图

×××电杆 X 型拉线杆基础平面布置有关尺寸表

杆型	拉线基础分坑尺寸（mm）			两主杆根开（mm）
	A_1	A_2	B_1	

说明　1. 表中拉线分坑尺寸系按埋深2.0m计算的，仅供定位用。实际分坑尺寸应根据杆位处的实际地形、拉线对地夹角和基础埋深等重新计算。

2. 拉棒的倾斜方向应与拉线成一直线。

3. X型拉线应保证拉线交叉处留有足够的空隙，避免互相磨碰。

0201010402　混凝土电杆基础施工（四）

拉线杆塔基础

0201010400

41

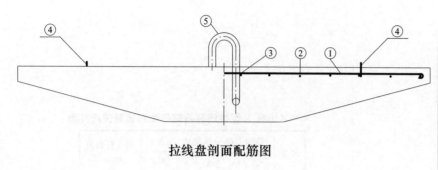

拉线盘剖面配筋图

材 料 表

编号	名称	规格	长度(mm)	单位	数量	质量（kg）			备注
						一件	小计	合计	
①	纵向主筋								
②	横向辅筋								
③	加强短筋								
④	吊环								
⑤	拉环								
合计	C20级混凝土：××××m³　部件总质量：××××kg								

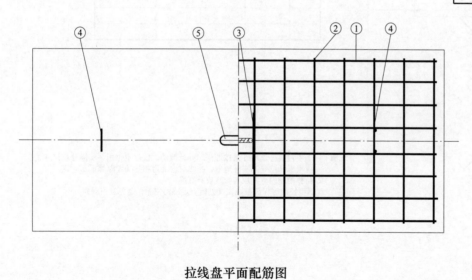

拉线盘平面配筋图

④吊环详图

说明　1. 混凝土采用C20级，钢筋采用HPB300级。
　　　2. 主筋净保护层取40mm，腐蚀性环境适当加大。
　　　3. 吊环应与拉线盘主筋绑扎牢靠。
　　　4. 拉环的制造见拉线盘拉环制造图。

0201010402　混凝土电杆基础施工（五）

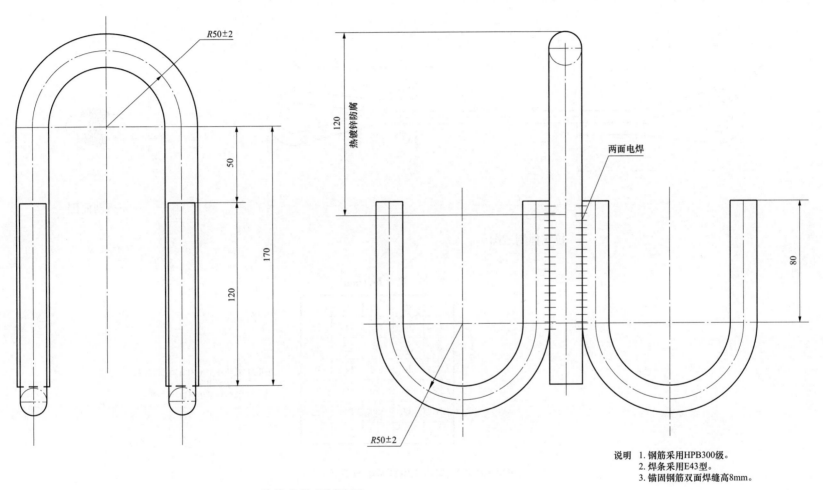

0201010400

R50±2

50

170

120

120
热镀锌防腐

两面电焊

R50±2

80

说明　1. 钢筋采用HPB300级。
　　　2. 焊条采用E43型。
　　　3. 锚固钢筋双面焊缝高8mm。

拉线盘拉环制造图

0201010402　混凝土电杆基础施工（六）

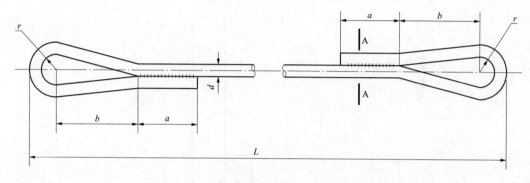

拉线棒制造图

A–A剖面图

尺寸表（mm）

型号	d	a	b	r
LB20	20	80	110	17
LB22	22	90	120	20
LB24	24	100	140	20
LB28	28	120	160	25
LB32	32	130	180	25
LB36	36	150	200	30

说明　1. 拉线棒采用HPB300级圆钢。
　　　2. 焊条采用E43型。
　　　3. 拉线棒采用热镀锌防腐。

0201010402　混凝土电杆基础施工（七）

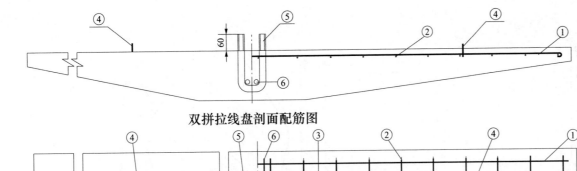

双拼拉线盘剖面配筋图

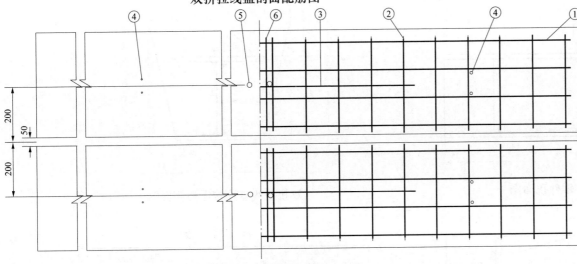

双拼拉线盘平面配筋图

×××型双拼拉线盘材料表

编号	名称	规格	长度(mm)	单位	数量	质量（kg）			备注
						一件	小计	合计	
①	纵向主筋								
②	横向辅筋								
③	加强短筋								
④	吊环								
⑤	U型螺栓								
⑥	锚筋								
⑦	螺母								
合计	C20级混凝土：××××m³　部件总质量：××××kg								

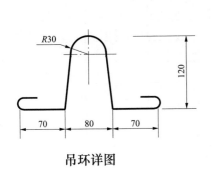

吊环详图

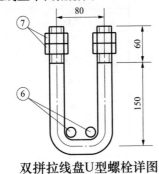

双拼拉线盘U型螺栓详图

说明　1. 混凝土采用C20级，钢筋采用HPB300级。
　　　2. 主筋净保护层取40mm，腐蚀性环境适当加大。
　　　3. 吊环应与拉线盘主筋绑扎牢靠。
　　　4. U型螺栓两端车M24螺纹，每端带双螺母，热镀锌防腐。
　　　5. 焊条采用E43型。
　　　6. U型螺栓与锚筋焊牢。
　　　7. 本双拼拉线盘由两块组成，材料表为两块的材料用量。

0201010402　混凝土电杆基础施工（八）

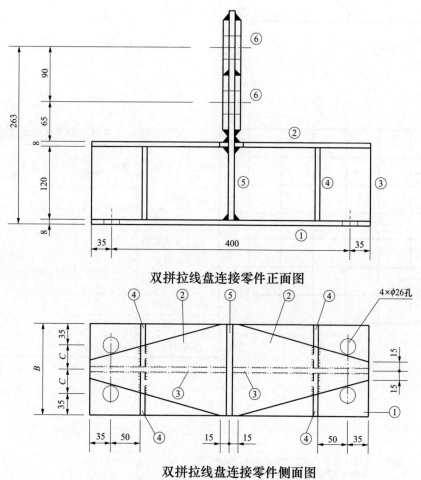

双拼拉线盘连接零件正面图

双拼拉线盘连接零件侧面图

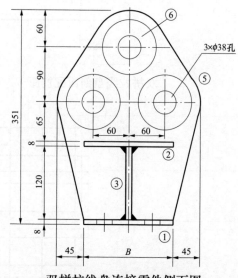

双拼拉线盘连接零件侧面图

3×φ38孔

4×φ26孔

说明 1. 钢材采用Q235，焊条采用E43型。
2. 焊脚尺寸不小于较薄焊件的厚度。
3. 构件全部热镀锌防腐。

材　料　表

编号	名称	规格尺寸（mm）	数量	质量（kg）		备注
				一件	小计	
①	底板		1			
②	盖板		2			
③	肋板		2			
④	加劲板		4			
⑤	连接板		1			
⑥	加劲板		6			
合计			19.8kg			

0201010402　混凝土电杆基础施工（九）

浆砌毛石用量	××××× (m³)
	每米长度

浆砌毛石用量	××××× (m³)
	每米长度

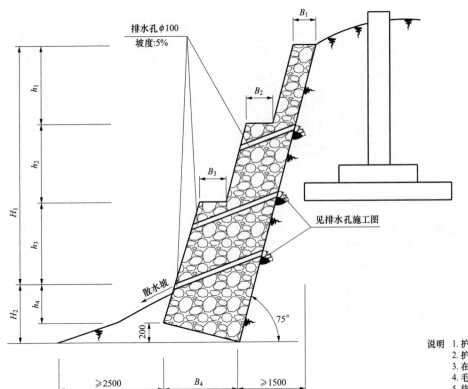

排水孔 φ100
坡度:5%

B_1
B_2
B_3

H_1

h_1
h_2
h_3
h_4

H_2

散水坡

见排水孔施工图

200

75°

≥2500 B_4 ≥1500

护坡(一)

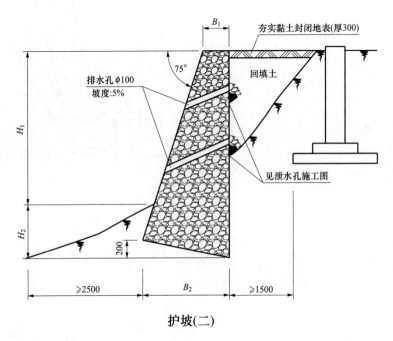

B_1
夯实黏土封闭地表(厚300)

75°

排水孔 φ100
坡度:5%

回填土

见泄水孔施工图

H_1

H_2

200

≥2500 B_2 ≥1500

护坡(二)

说明 1. 护坡基座当处于风化岩层上时应先清除表面风化层,当处于土层上时应放在原状土上。
       2. 护坡基础埋置深度。土质地基为0.5~0.8m;岩质地基不小于0.3m。
       3. 在反滤层顶面和底部用黏土夯实厚0.3m。
       4. 毛石应分层错缝砌筑,不应出现垂直通缝,避免通长的水平通缝。
       5. 待砌体中砂浆强度达到设计强度的70%后方可回填,墙后填土分层夯实。

0201010501   基础防护工程(一)

47

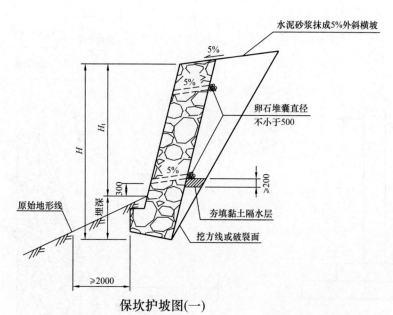

水泥砂浆抹成5%外斜横坡

5%

5%

卵石堆囊直径
不小于500

≥200

夯填黏土隔水层

挖方线或破裂面

原始地形线

埋深

300

H_1

H

≥2000

保坎护坡图(一)

b

1:0.25   1:0.25

H

H_1

a

d

θ

h

0.2:1

B

保坎护坡图(二)

保坎护坡截面尺寸表

H(m)	2	3	4	5	6
H_1(m)	2.00	2.70	3.45	4.55	5.25
b(m)	0.45	0.65	0.85	1.20	1.40
B(m)	0.45	0.75	1.01	1.32	1.63
a(m)	—	0.20	0.35	0.30	0.50
d(m)	—	0.30	0.55	0.45	0.75
h(m)	0.09	0.15	0.20	0.26	0.33
V(m³)	0.92	2.06	3.66	6.29	8.98

0201010501　基础防护工程（二）

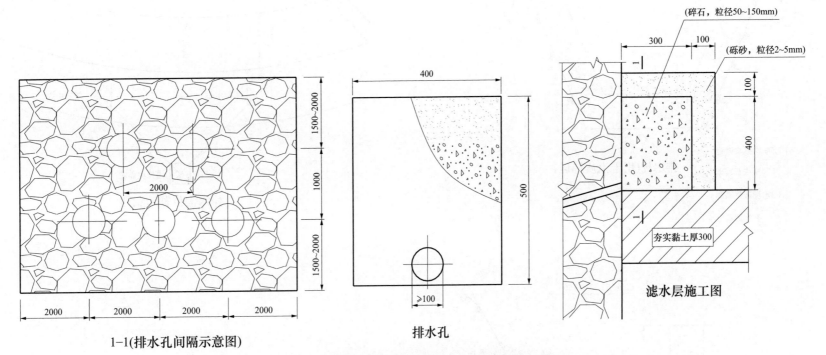

(碎石，粒径50~150mm)

(砾砂，粒径2~5mm)

300 100

100

400

夯实黏土厚300

滤水层施工图

1500~2000

1000

1500~2000

2000

2000 2000 2000 2000

1-1(排水孔间隔示意图)

400

500

≥100

排水孔

说明 1. 排水孔边长或者直径不宜小于100mm，外倾坡度不应小于5%；
水平间距为2m，垂直间距为1m，并宜按梅花形布置。
2. 护坡每隔10m设一道沉降缝，缝宽20mm，沉降缝内用沥青麻絮
或沥青木板条填塞，填塞入护坡深度不小于100mm。
3. 伸缩缝、滤水层按要求完成后，才能进行土方回填。

0201010501 基础防护工程（三）

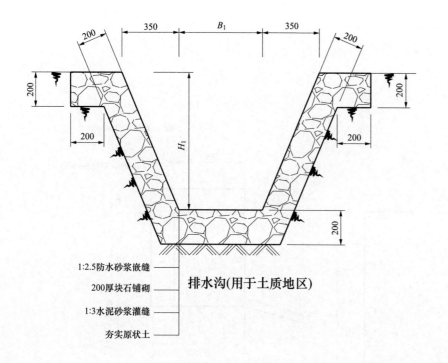

1:2.5防水砂浆嵌缝
200厚块石铺砌
1:3水泥砂浆灌缝
夯实原状土

排水沟(用于土质地区)

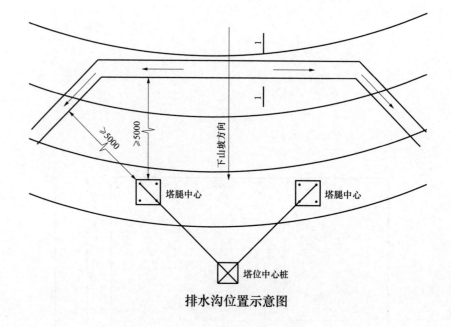

排水沟位置示意图

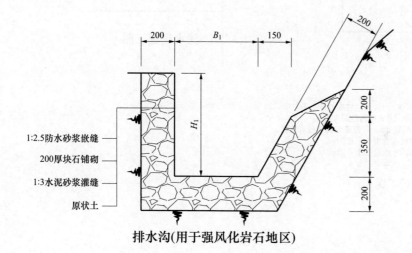

1:2.5防水砂浆嵌缝
200厚块石铺砌
1:3水泥砂浆灌缝
原状土

排水沟(用于强风化岩石地区)

说明 1. 排水沟设置在迎水侧,距离基础边缘一般不小于5m。
      2. 砌体砌筑时均采用挤浆法分层、分段进行砌筑,严禁采用灌浆法施工。
      3. 排水沟砌筑完后,外露面采用M10水泥砂浆勾缝或抹面。
      4. 排水沟存在超挖情况时,超挖部分采用浆砌片石砌筑,严禁回填土。
      5. 排水沟在完工后应覆盖、洒水,保持砌体湿润,养护时间不低于14天。

0201010502 排水沟砌筑

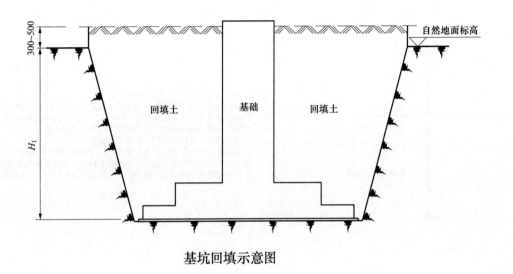

基坑回填示意图

说明　1. 回填土应级配良好，最大粒径不超过50mm，开挖出的块石需经破碎后方可回填。
　　　2. 含有机质的生活垃圾土、流动状态的泥炭土和有机含量大于8%的黏性土、淤泥及淤泥质土，不得用作回填土。
　　　3. 泥水坑应先排除坑内积水然后回填夯实。
　　　4. 回填石坑时应掺入30%的黏性土。
　　　5. 基础混凝土达到设计强度，经验收合格后立即回填。
　　　6. 回填土应分层夯实，每层厚100~300mm，基础验收时回填土应高出地面300~500mm作为防沉土。经过沉降后应及时补填夯实。工程移交时坑口回填土不应低于地面。
　　　7. 回填土铺设对称均匀，确保回填过程中基础立柱稳固不位移。
　　　8. 雨季施工时应有防雨措施，要防止地面水流入基坑内，以免边坡塌方或地基土遭到破坏。

0201010503　基坑回填

基础防护

0201010500

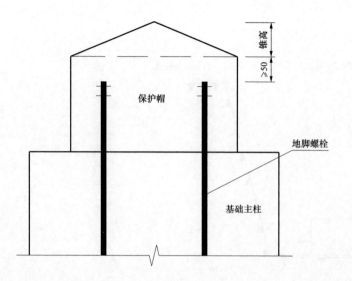

保护帽

地脚螺栓

基础主柱

锥高

≥50

说明　1. 保护帽采用不小于C10级细石混凝土。
2. 保护帽宜采用专用模板现场浇筑，顶面应抹成3%~5%的微坡顶，以满足散水要求。
3. 保护帽宽度不小于塔脚板每侧50mm，高度不小于地脚螺栓露出高度50mm。
4. 保护帽施工应先将接触部分的基顶打毛、冲洗干净。
5. 保护帽应一次浇筑成型，杜绝二次抹面。
6. 保护帽上表面在凝固前先收光3~4次，浇筑结束后收光2次，2h后再细收1次。
7. 保护帽拆模时应保证其表面及棱角不损坏，塔腿及基础顶面的混凝土浆要及时清理干净。
8. 保护帽根据气温情况进行养护，气温在0℃以下时，必须采取冬期施工的养护方法。

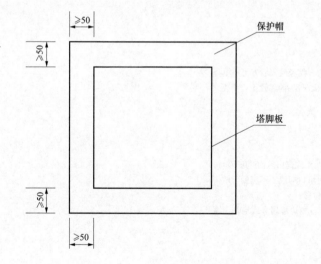

保护帽

塔脚板

≥50

≥50

≥50

≥50

0201010504　保护帽浇筑

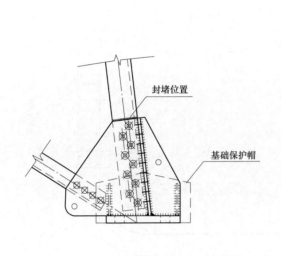

单角钢主材封堵位置示意图

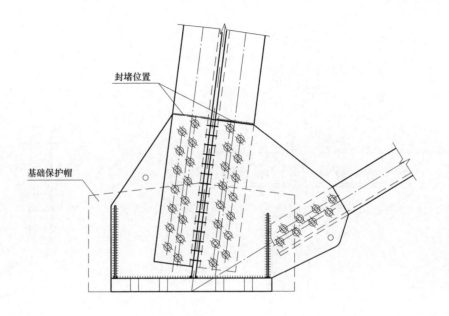

双角钢主材封堵位置示意图

说明 1.该封堵适用于塔腿主材和靴板用螺栓连接的塔型，目的是防止雨水顺该处缝隙渗入保护帽内部引起塔脚锈蚀。
　　　2.该封堵在线路架完线、保护帽浇筑完毕后进行。
　　　3.封堵材料采用环氧树脂，外侧喷锌。

0201020101　角钢铁塔分解组立（一）

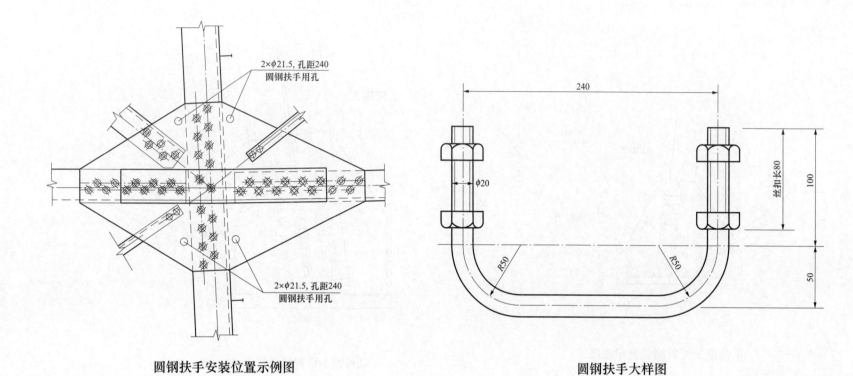

圆钢扶手安装位置示例图   圆钢扶手大样图

说明　1.在横担与塔身连接处、曲臂与塔身连接处、曲臂K节点等部位的大节点板上,增加安装圆钢扶手,方便攀爬。
　　　2.圆钢采用HPB300级,两端车M20螺纹,每件带4个M20螺母。
　　　3.圆钢扶手两端的车丝长度可根据实际连接厚度调整。
　　　4.圆钢扶手的开口尺寸可根据主材规格及节点板大小调整。
　　　5.构件热镀锌防腐。

0201020101　角钢铁塔分解组立(二)

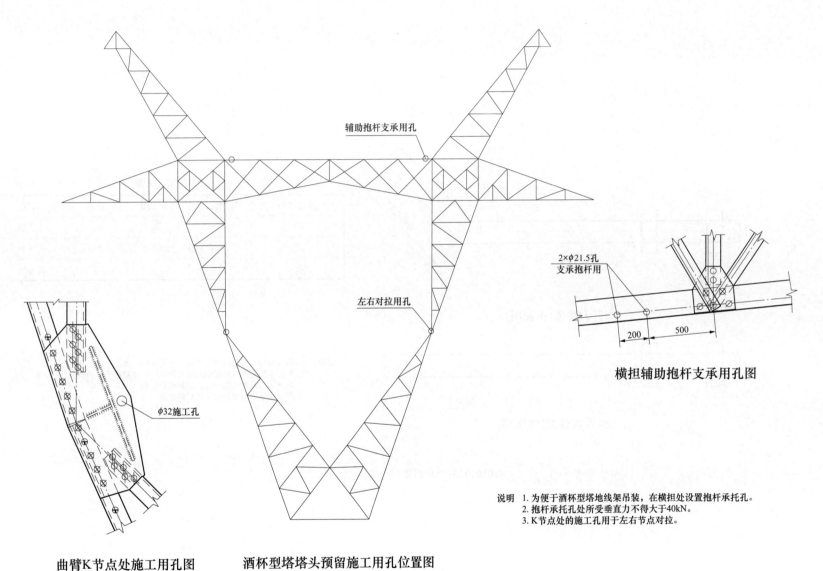

辅助抱杆支承用孔

$2×\phi21.5$孔
支承抱杆用

左右对拉用孔

$\phi32$施工孔

200 500

横担辅助抱杆支承用孔图

说明 1. 为便于酒杯型塔地线架吊装，在横担处设置抱杆承托孔。
      2. 抱杆承托孔处所受垂直力不得大于40kN。
      3. K节点处的施工孔用于左右节点对拉。

曲臂K节点处施工用孔图   酒杯型塔塔头预留施工用孔位置图

0201020101   角钢铁塔分解组立（三）

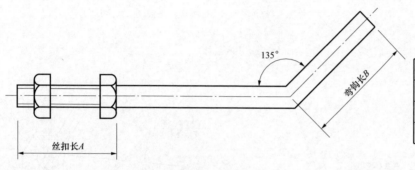

135°

弯钩长B

丝扣长A

脚钉大样图(正面图)

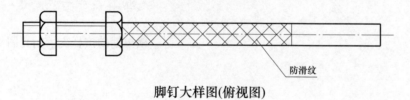

防滑纹

脚钉大样图(俯视图)

尺　寸　表　　　　　（mm）

脚钉规格	丝扣长A	弯钩长B	总长	级别
M16	60	50	230	6.8级
M20	80	60	260	6.8级
M24	110	75	315	8.8级

说明　1. 脚钉弯钩及防滑纹朝上安装，全杆塔应一致。
　　　2. 脚钉安装前先将脚蹬侧的螺母紧固好，脚蹬侧不得露丝。
　　　3. 脚钉采用双螺母防卸时，丝扣相应加长。
　　　4. 脚钉的强度级系指热镀锌后的级别。

0201020101　角钢铁塔分解组立（四）

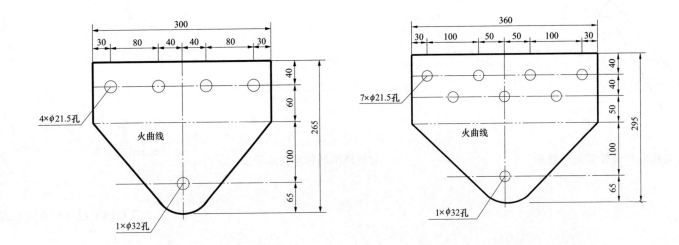

临时拉线挂板大样图(一)　　　　　　　临时拉线挂板大样图(二)

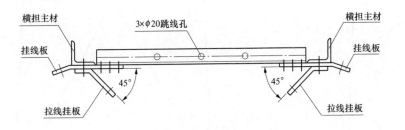

临时拉线挂板位置图

说明　1. 临时拉线挂板放置在导线横担挂点处。
　　　2. 钢板采用Q345材质。
　　　3. 挂板上的连接螺栓数量及型式可根据实际连接情况调整。
　　　4. 构件热镀锌防腐。

0201020101　角钢铁塔分解组立（五）

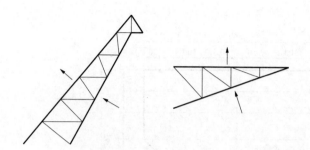

地线支架螺栓穿向示意图

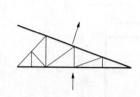

导线横担螺栓穿向示意图

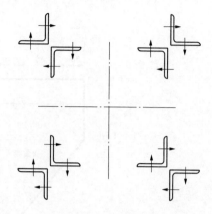

双角钢主材螺栓穿向示意图

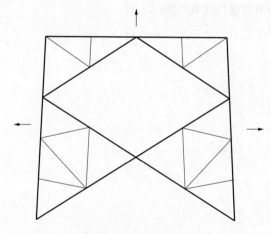

塔身螺栓穿向示意图

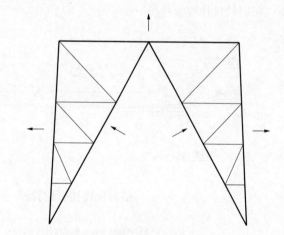

塔腿螺栓穿向示意图

说明 个别螺栓不易安装时，穿入方向允许变更处理。

0201020101 角钢铁塔分解组立（六）

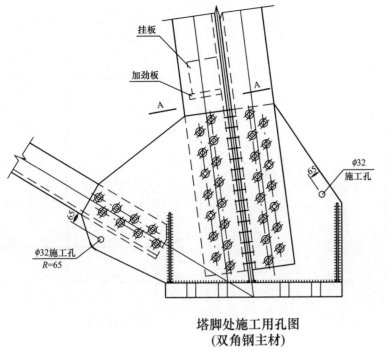

挂板

加劲板

A

A

$\phi32$
施工孔

$\phi32$施工孔
$R=65$

65

65

塔脚处施工用孔图
（双角钢主材）

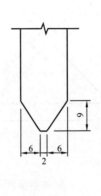

9

6   6

2

挂板双面坡口图

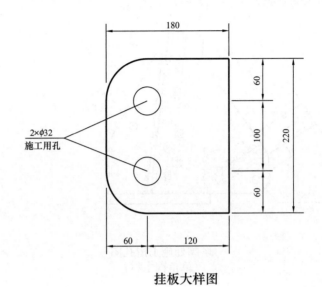

180

60

100

220

60

$2\times\phi32$
施工用孔

60   120

挂板大样图

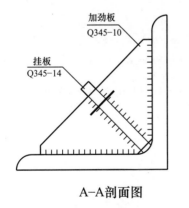

加劲板
Q345-10

挂板
Q345-14

A-A剖面图

10

2   8

加劲板单面坡口图

说明 1. 钢板均采用Q345材质，焊条采用E50型，焊脚尺寸取10mm。
2. 挂板与主材角钢需双面坡口焊，加劲板可单面坡口焊。
3. 挂板位置应尽量靠近主材和大斜材节点，上下两层间垂直距离不大于12m。
4. 加劲板的下料尺寸根据主材角钢的规格确定。
5. 塔脚靴板上施工用孔的位置可根据实际情况调整。
6. 构件热镀锌防腐。

0201020101   角钢铁塔分解组立（七）

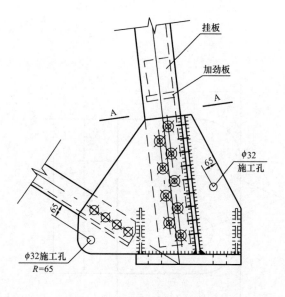

挂板

加劲板

A

A

φ32
施工孔

65

65

φ32施工孔
R=65

塔脚处施工用孔图
(单角钢主材)

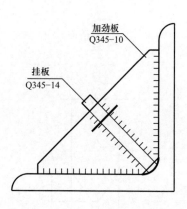

加劲板
Q345-10

挂板
Q345-14

A-A剖面图

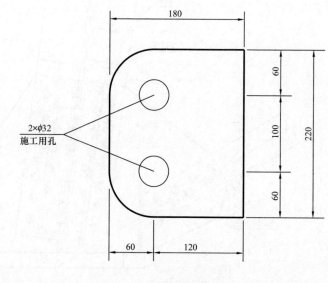

180

60

100

220

2×φ32
施工用孔

60

60

120

挂板大样图

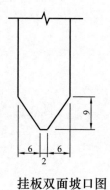

9

6 6

2

挂板双面坡口图

10

2 8

加劲板单面坡口图

说明 1. 钢板均采用Q345材质,焊条采用E50型,焊脚尺寸取10mm。
　　　2. 挂板与主材角钢需双面坡口焊,加劲板可单面坡口焊。
　　　3. 挂板位置应尽量靠近主材和大斜材节点,上下两层间垂直距离不大于12m。
　　　4. 加劲板的下料尺寸根据主材角钢的规格确定。
　　　5. 塔脚靴板上施工用孔的位置可根据实际情况调整。
　　　6. 构件热镀锌防腐。

0201020101　角钢铁塔分解组立（八）

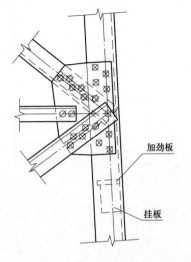

内悬浮抱杆承托绳挂板位置图

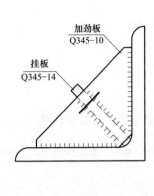

承托绳挂板剖面图

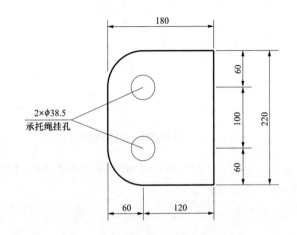

内悬浮抱杆承托绳挂板大样图

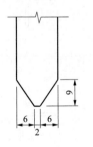

挂板双面坡口图

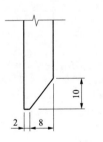

加劲板单面坡口图

说明　1. 钢板均采用Q345材质，焊条采用E50型，焊脚尺寸取10mm。
　　　2. 挂板与主材角钢需双面坡口焊，加劲板可单面坡口。
　　　3. 挂板位置应尽量靠近主材和大斜材节点，上下两层间垂直距离不大于12m。
　　　4. 加劲板的下料尺寸根据主材角钢的规格确定。
　　　5. 构件热镀锌防腐。

0201020101　角钢铁塔分解组立（九）

说明　1. 单回路直线塔及酒杯型耐张塔脚钉位置要求：塔身脚钉布置在D腿，左右曲臂及以上脚钉布置在与塔身脚钉同一个面上。

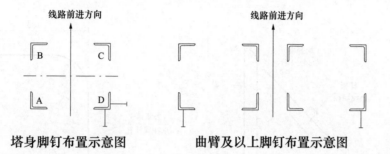

塔身脚钉布置示意图　　　　　曲臂及以上脚钉布置示意图

2. 单回路干字型耐张塔脚钉位置要求：横担以下布置在转角内侧，横担以上布置在转角外侧，且脚钉位于同一塔面上。

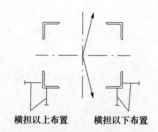

横担以上布置　　横担以下布置

单回路干字型耐张塔脚钉布置示意图

3. 双回路和多回路塔脚钉位置要求：均布置在B、D腿上。

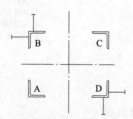

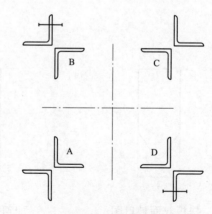

双回路和多回路塔单角
钢主材脚钉布置示意图

双回路和多回路塔双角
钢主材脚钉布置示意图

0201020101　角钢铁塔分解组立（十）

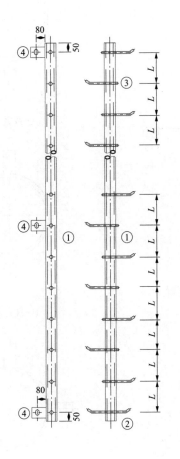

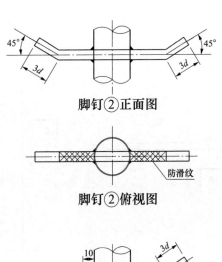

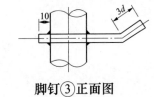

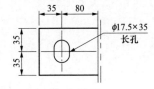

脚钉②正面图

脚钉②俯视图

脚钉③正面图

脚钉③俯视图

防滑纹

构件一览表

编号	构件名称	规格	备注
①	圆管	$\phi50\times5$	
②	脚钉	$\phi16$	
③	脚钉	$\phi16$	
④	连板	—8	

$\phi17.5\times35$
长孔

连板④大样图

脚钉爬梯制造图

说明　1. 脚钉直径为d，单位mm。
　　　2. 脚钉弯钩及防滑纹朝上安装，全杆塔应一致。
　　　3. 脚钉间距以450mm为宜。
　　　4. 未注明的连接为焊接，焊接标准应符合相应规范要求。

0201020103　钢管杆分解组立（一）

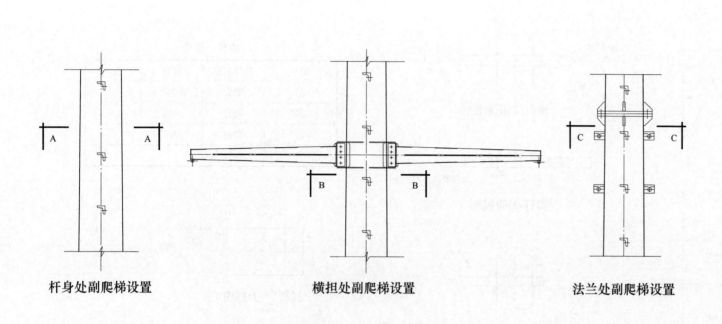

杆身处副爬梯设置　　　　　横担处副爬梯设置　　　　　法兰处副爬梯设置

副爬梯制造图

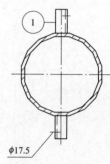

A–A大样图

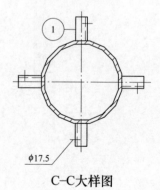

B–B大样图

C–C大样图

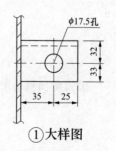

①大样图

说明　1. 构件①为Q235L63×5等边角钢。
　　　2. 未注明的连接为焊接，焊接标准应符合相应规范要求。

0201020103　　钢管杆分解组立（二）

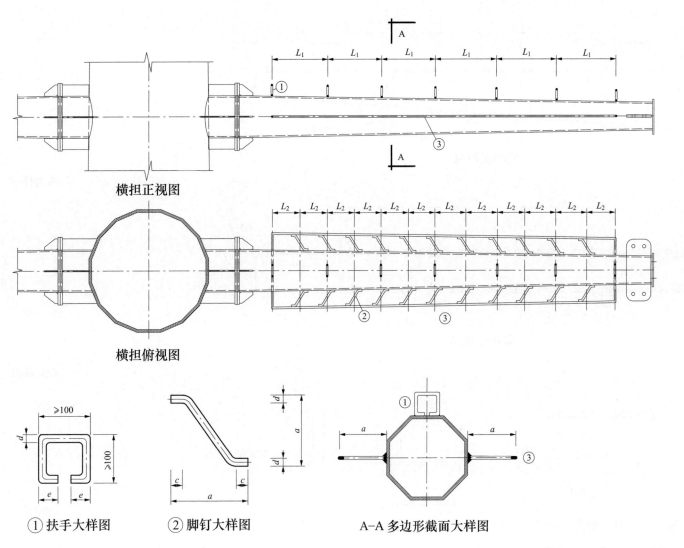

横担正视图

横担俯视图

① 扶手大样图　　② 脚钉大样图　　A-A 多边形截面大样图

说明　1. L_1宜取500mm, L_2宜取200mm。
　　　2. 构件①②③采用牌号为HPB300的圆钢, 直径以10~16mm为宜。
　　　3. d为圆钢直径, 单位mm。
　　　4. 未注明的连接为焊接, 焊接标准应符合相应规范要求。

横担构造示意图(一)

0201020103　钢管杆分解组立（三）

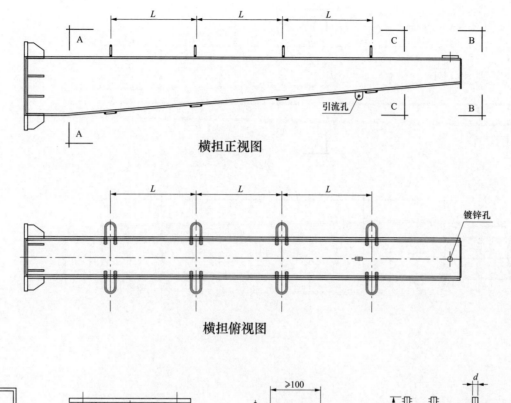

横担正视图

横担俯视图

A-A横担截面大样图　　　B-B截面大样图　　　C-C扶手大样图　　　脚钉大样图

横担构造示意图(二)

说明　1. L宜取500mm。
　　　2. d为圆钢直径,单位mm。
　　　3. 扶手和脚钉采用牌号为HPB300的圆钢,直径以10~16mm为宜。
　　　4. 未注明的连接为焊接,焊接标准应符合相应规范要求。

0201020103　钢管杆分解组立（四）

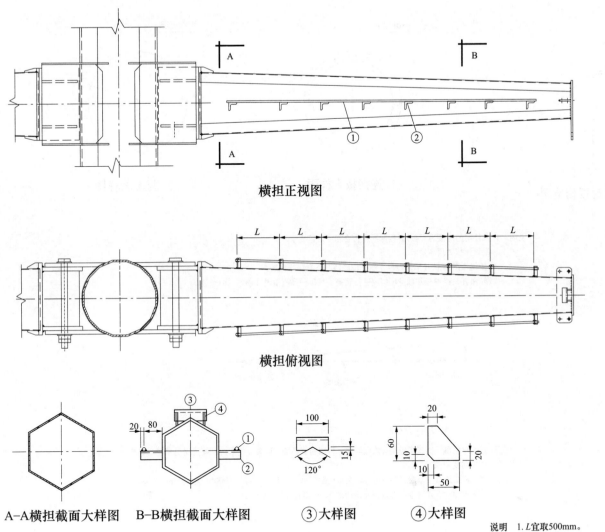

横担正视图

横担俯视图

A-A横担截面大样图　　B-B横担截面大样图　　③大样图　　④大样图

横担构造示意图(三)

0201020103　钢管杆分解组立（五）

说明　1. L宜取500mm。
　　　2. 构件①为HPB300的圆钢，直径以10~16mm为宜。
　　　3. 构件②③为Q235L63×5的等边角钢。
　　　4. 未注明的连接为焊接，焊接标准应符合相应规范要求。

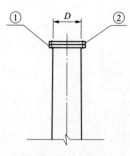

钢管杆顶端封板构造图

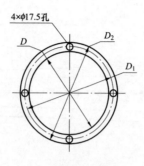

① 连接板大样图

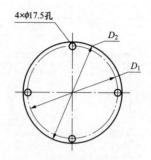

② 封板大样图

说明 1. 未注明的连接为焊接,焊接标准应符合相应规范要求。
   2. 钢管杆基础预高要求:
   (1) 使用本图时,请仔细与电气专业杆位图核对杆型和呼称高。
   (2) 转角杆、终端杆基础受压侧应进行预高,具体预高值由设计确定,图示如下:

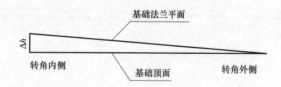

注: Δh为基础预高值。

   (3) 施工单位可根据施工经验对该值调整,但原则上必须保证架线挠曲后,杆顶端仍不超过铅垂线偏向受力侧。
   (4) 钢管杆法兰盘应平整、贴合密实,接触面贴合率不小于75%,最大间隙不大于1.5mm。基础法兰盘调平后,法兰盘与基础顶面间缝隙用C30细石混凝土填实。

0201020103　钢管杆分解组立(六)

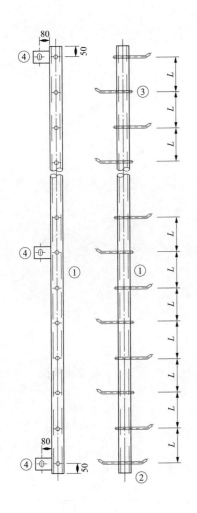

脚钉爬梯制造图

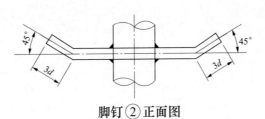

脚钉②正面图

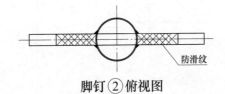

脚钉②俯视图

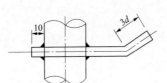

脚钉③正面图

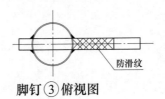

脚钉③俯视图

构件一览表

编号	构件名称	规格	备注
①	圆管	$\phi50\times5$	
②	脚钉	$\phi16$	
③	脚钉	$\phi16$	
④	连板	—8	

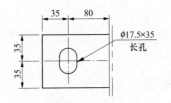

连板④大样图

说明　1. 脚钉直径为d,单位mm。
　　　2. 脚钉弯钩及防滑纹朝上安装,全杆塔应一致。
　　　3. 脚钉间距以450mm为宜。
　　　4. 未注明的连接为焊接,焊接标准应符合相应规范要求。

0201020104　钢管杆整体组立(一)

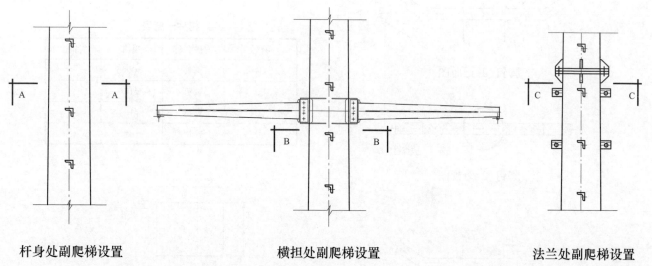

杆身处副爬梯设置　　　　　横担处副爬梯设置　　　　　法兰处副爬梯设置

副爬梯制造图

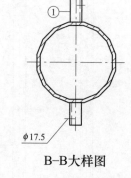

A-A大样图

φ17.5

B-B大样图

φ17.5

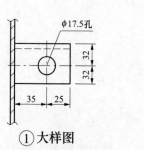

φ17.5孔

①大样图

C-C大样图

φ17.5

说明　1. 构件①为Q235L63×5等边角钢。
　　　2. 未注明的连接为焊接，焊接标准应符合相应规范要求。

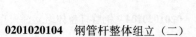

0201020104　钢管杆整体组立（二）

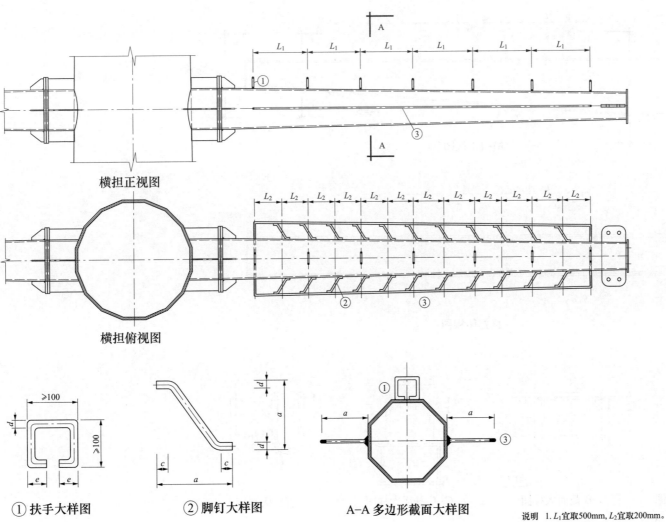

横担正视图

横担俯视图

① 扶手大样图

② 脚钉大样图

A-A 多边形截面大样图

说明　1. L_1宜取500mm，L_2宜取200mm。
　　　2. 构件①②③采用牌号为HPB300的圆钢，直径以
　　　　　10~16mm为宜。
　　　3. d为圆钢直径，单位mm。
　　　4. 未注明的连接为焊接，焊接标准应符合相应规范要求。

横担构造示意图(一)

0201020104　钢管杆整体组立（三）

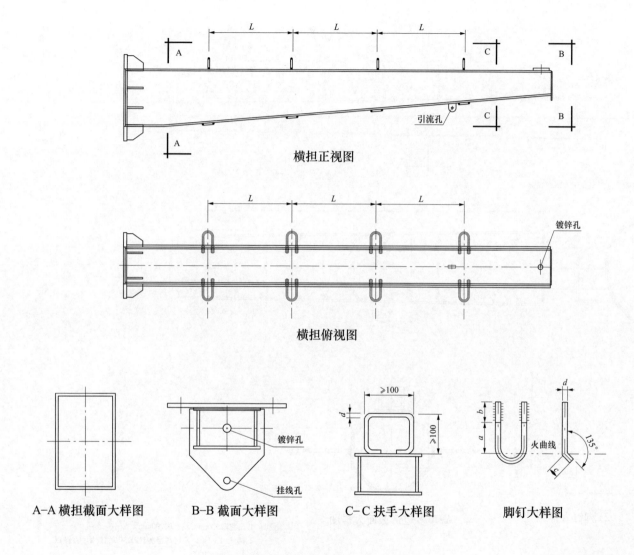

横担正视图

横担俯视图

A-A 横担截面大样图　　　B-B 截面大样图　　　C-C 扶手大样图　　　脚钉大样图

横担构造示意图(二)

说明　1. L宜取500mm。
　　　2. d为圆钢直径, 单位mm。
　　　3. 扶手和脚钉采用牌号为HPB300的圆钢, 直径以10~16mm为宜。
　　　4. 未注明的连接为焊接, 焊接标准应符合相应规范要求。

0201020104　钢管杆整体组立（四）

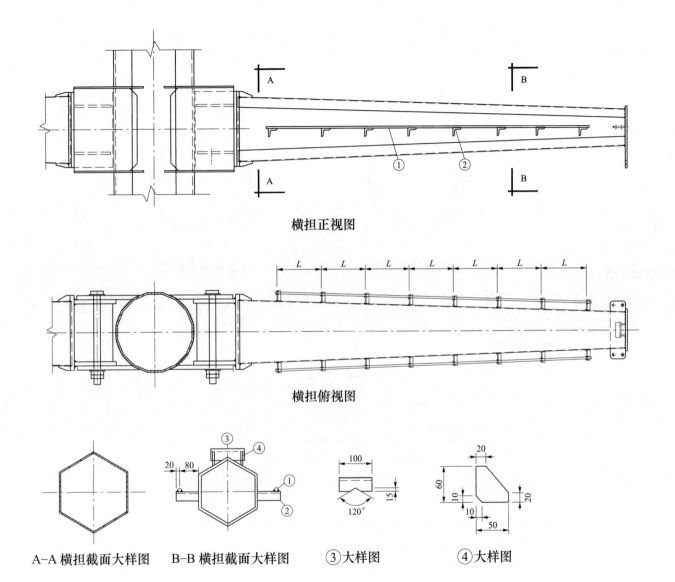

横担正视图

横担俯视图

A-A 横担截面大样图　　B-B 横担截面大样图　　③大样图　　④大样图

横担构造示意图(三)

0201020104　钢管杆整体组立（五）

说明　1. L宜取500mm。
　　　2. 构件①采用牌号为HPB300的圆钢，直径以10~16mm为宜。
　　　3. 构件②③为Q235L63×5的等边角钢。
　　　4. 未注明的连接为焊接，焊接标准应符合相应规范要求。

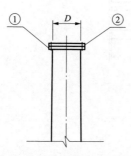

钢管杆顶端封板构造图

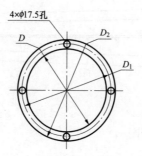

① 连接板大样图

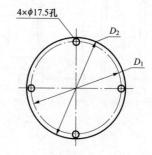

② 封板大样图

说明　1. 未注明的连接为焊接,焊接标准应符合相应规范要求。

　　　2. 钢管杆基础预高要求:

(1) 使用本图时,请仔细与电气专业杆位图核对杆型和呼称高。

(2) 转角杆、终端杆基础受压侧应进行预高,具体预高值由设计确定,图示如下:

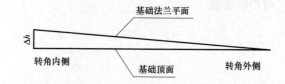

注: Δh 为基础预高值。

(3) 施工单位可根据施工经验对该值调整,但原则上必须保证架线挠曲后,杆顶端仍不超过铅垂
　　线偏向受力侧。

(4) 钢管杆法兰盘应平整、贴合密实,接触面贴合率不小于75%,最大间隙不大于1.5mm。基础法
　　兰盘调平后,法兰盘与基础顶面间缝隙用C30细石混凝土填实。

0201020104　钢管杆整体组立（六）

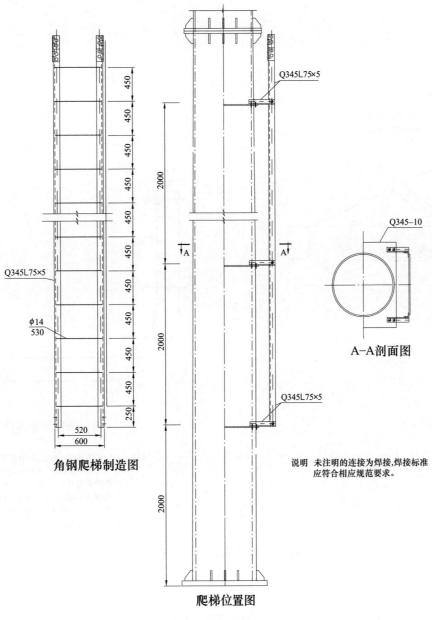

Q345L75×5

2000

2000

A

A

Q345L75×5

450
450
450
450
450
450
450
450
450
450
250

520
600

Q345L75×5

φ14
530

角钢爬梯制造图

Q345-10

A-A剖面图

2000

说明 未注明的连接为焊接,焊接标准
应符合相应规范要求。

爬梯位置图

0201020104 钢管杆整体组立（七）

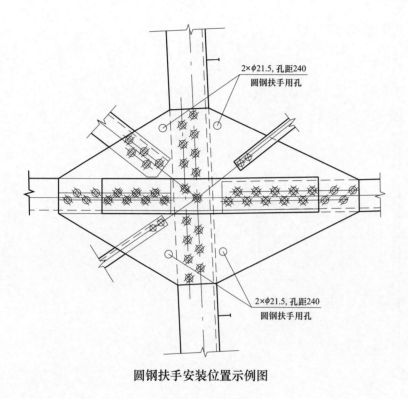

2×φ21.5，孔距240
圆钢扶手用孔

2×φ21.5，孔距240
圆钢扶手用孔

圆钢扶手安装位置示例图

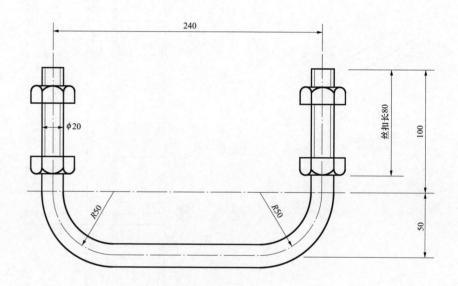

240

φ20

丝扣长80

100

R50   R50

50

圆钢扶手大样图

说明 1. 当横担与塔身连接处、曲臂与塔身连接处、曲臂K节点等部位的大
　　　　 节点板的宽度大于800mm时，增加安装圆钢扶手以方便攀爬。
　　　 2. 圆钢采用HPB300级，两端车M20螺纹，每件带4个M20螺母。
　　　 3. 圆钢扶手两端的车丝长度可根据实际连接厚度调整。
　　　 4. 圆钢扶手的开口尺寸可根据主材规格及节点板大小调整。
　　　 5. 构件热镀锌防腐。

0201020201　角钢结构大跨越铁塔组立（一）

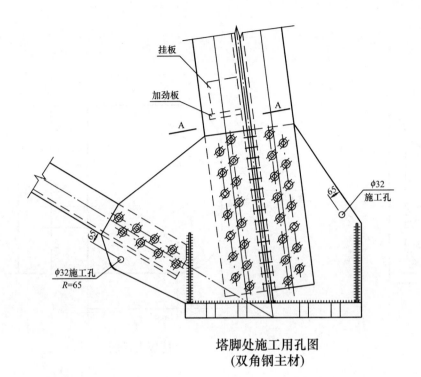

挂板

加劲板

A

A

φ32
施工孔

65

φ32施工孔
R=65

塔脚处施工用孔图
（双角钢主材）

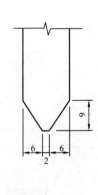

9

6   6

2

挂板双面坡口图

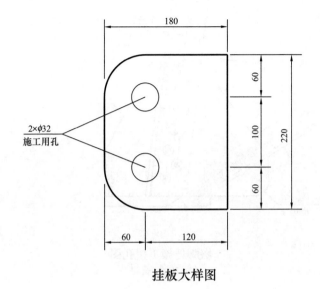

180

60

100

220

60

2×φ32
施工用孔

60   120

挂板大样图

加劲板
Q345-10

挂板
Q345-14

A—A剖面图

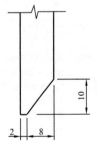

10

2   8

加劲板单面坡口图

说明 1. 钢板均采用Q345材质, 焊条采用E50型, 焊脚尺寸取10mm。
      2. 挂板与主材角钢需双面坡口焊, 加劲板可单面坡口焊。
      3. 挂板位置应尽量靠近主材和大斜材节点, 上下两层间垂直距离不大于12m。
      4. 加劲板的下料尺寸根据主材角钢的规格确定。
      5. 塔脚靴板上施工用孔的位置可根据实际情况调整。
      6. 构件热镀锌防腐。

0201020201   角钢结构大跨越铁塔组立（二）

大跨越铁塔组立

0201020200

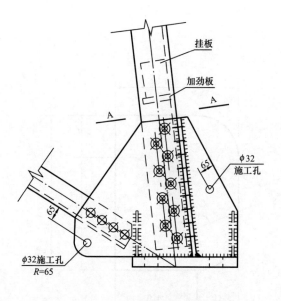

塔脚处施工用孔图
（单角钢主材）

挂板

加劲板

A

A

φ32
施工孔

φ32施工孔
R=65

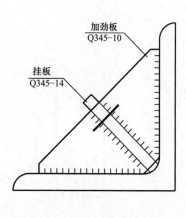

A–A剖面图

加劲板
Q345-10

挂板
Q345-14

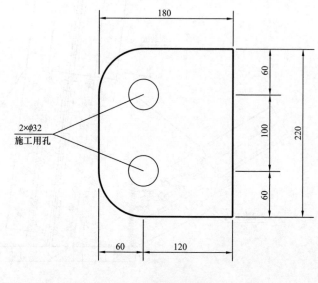

挂板大样图

180

60

100

60

220

2×φ32
施工用孔

60

120

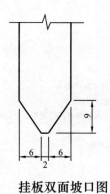

挂板双面坡口图

9

6   6

2

加劲板单面坡口图

10

2   8

说明 1. 钢板均采用Q345材质,焊条采用E50型,焊脚尺寸取10mm。
　　　2. 挂板与主材角钢需双面坡口焊,加劲板可单面坡口焊。
　　　3. 挂板位置应尽量靠近主材和大斜材节点,上下两层间垂直距离不大于12m。
　　　4. 加劲板的下料尺寸根据主材角钢的规格确定。
　　　5. 塔脚靴板上施工用孔的位置可根据实际情况调整。
　　　6. 构件热镀锌防腐。

0201020201   角钢结构大跨越铁塔组立（三）

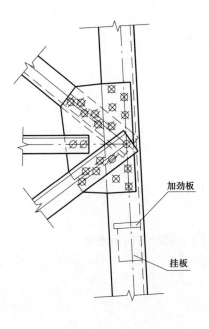

内悬浮抱杆承托绳挂板位置图

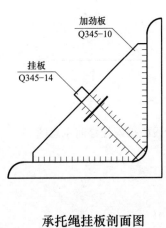

承托绳挂板剖面图

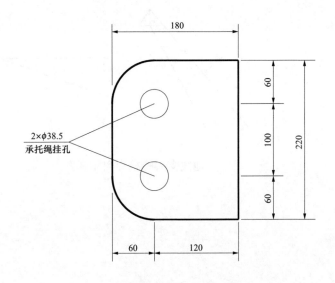

内悬浮抱杆承托绳挂板大样图

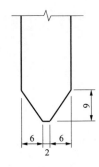

挂板双面坡口图

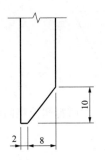

加劲板单面坡口图

说明 1. 钢板均采用Q345材质,焊条采用E50型,焊脚尺寸取10mm。
2. 挂板与主材角钢需双面坡口焊,加劲板可单面坡口焊。
3. 挂板位置应尽量靠近主材和大斜材节点,上下两层间垂直距离不大于12m。
4. 加劲板的下料尺寸根据主材角钢的规格确定。
5. 构件热镀锌防腐。

0201020201   角钢结构大跨越铁塔组立（四）

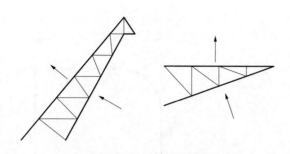

地线支架螺栓穿向示意图

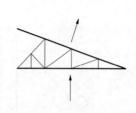

导线横担螺栓穿向示意图

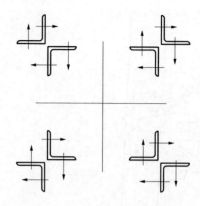

双角钢主材螺栓穿向示意图

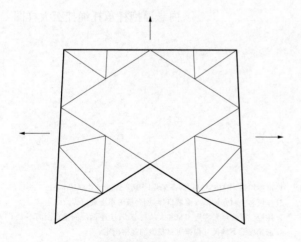

塔身螺栓穿向示意图

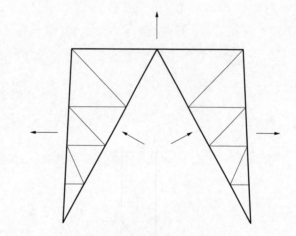

塔腿螺栓穿向示意图

说明　个别螺栓不易安装时，穿入方向允许变更处理。

0201020201　角钢结构大跨越铁塔组立（五）

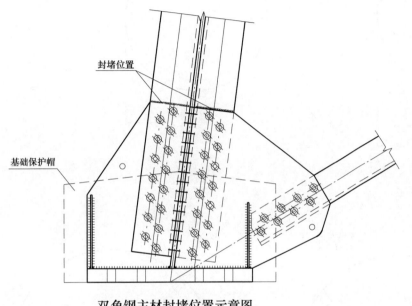

封堵位置

基础保护帽

双角钢主材封堵位置示意图

封堵位置

基础保护帽

单角钢主材封堵位置示意图

说明 1. 该封堵适用于塔腿主材和靴板用螺栓连接的塔型,目的是防止
雨水顺该处缝隙渗入保护帽内部引起塔脚锈蚀。
2. 该封堵在线路架完线、保护帽浇筑完毕后进行。
3. 封堵材料采用环氧树脂,外侧喷锌。

0201020201　角钢结构大跨越铁塔组立(六)

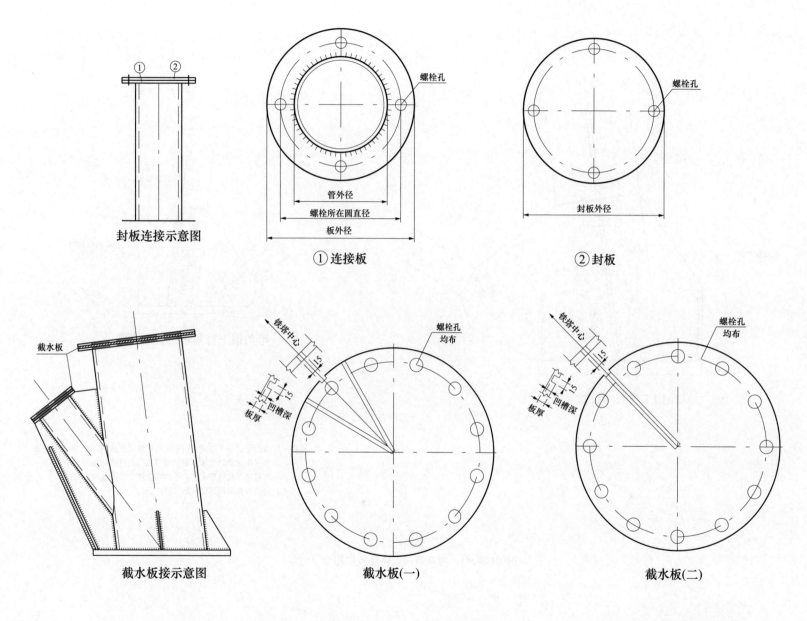

封板连接示意图

①连接板

②封板

螺栓孔

螺栓孔

管外径

螺栓所在圆直径

板外径

封板外径

截水板

截水板接示意图

铁塔中心

凹槽深

板厚

螺栓孔
均布

截水板(一)

铁塔中心

凹槽深

板厚

螺栓孔
均布

截水板(二)

说明　缺口的定位方向为铁塔中心。

0201020202　钢管结构大跨越铁塔组立（一）

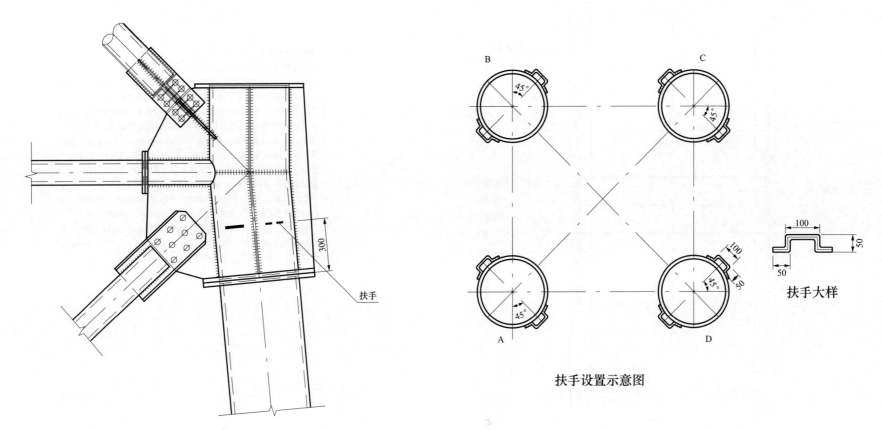

扶手

扶手设置示意图

100
50
50

扶手大样

0201020202 钢管结构大跨越铁塔组立（二）

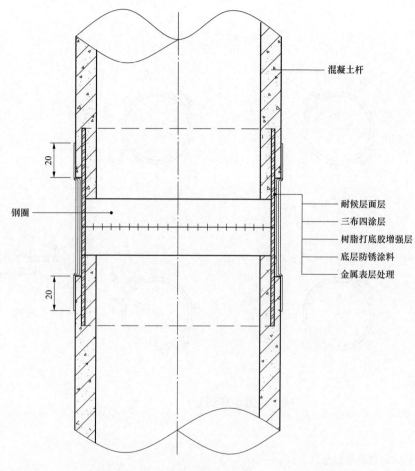

混凝土杆

耐候层面层
三布四涂层
树脂打底胶增强层
底层防锈涂料
金属表层处理

钢圈

20

20

混凝土电杆接头钢圈防腐施工

说明 1. 防护层干膜的厚度不小于0.8mm。

2. 表层的巴柯尔硬度不小于30。

3. 金属表层处理: 采用机械清除接头处锈蚀和混凝土浆, 露出完整钢圈, 除锈至钢圈表面呈原金属本色, 确保金属表面除锈等级不低于St2级。

4. 底层涂料施工: 采用环氧树脂、稀释剂、防锈漆按照比例配置打底防锈涂料, 均匀涂刷一层防锈涂料于焊口表面, 自然固化不宜少于24h。

5. 增强层施工: 将配置好的树脂打底胶料薄而均匀地涂刷于底层表面, 其厚度以满足施工黏接要求为准。随即缠绕玻璃纤维布, 玻璃布应剪边, 其宽度为纤维布以上、下边各覆盖水泥构件20mm为宜。增强层的厚度不小于400mm, 每层自然固化时间不小于24h。

6. 三布四涂施工: 按上述缠绕纤维布的程序贴三层纤维布。每缠绕一层玻璃纤维即刷一道环氧树脂, 要求环氧树脂浸透纤维布。

7. 面层(耐候层)施工: 在面层的树脂中加入与混凝土电杆颜色相近的适量色浆进行着色, 使色浆均匀。涂刷两遍以上时, 待第一遍固化后, 再涂刷下一遍。面层厚度不小于0.3mm。

0201020301　混凝土电杆组立 (一)

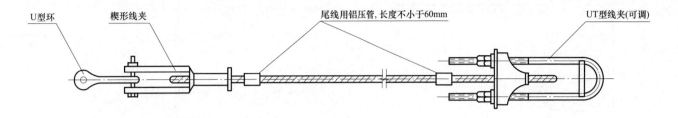

U型环　　楔形线夹　　　　　　　　尾线用铝压管，长度不小于60mm　　　　　UT型线夹(可调)

单拉线零件组装图(一)

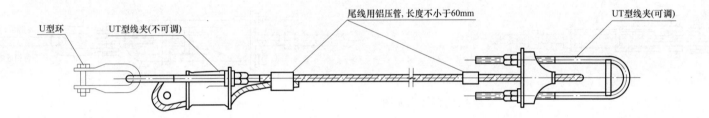

U型环　　UT型线夹(不可调)　　　　尾线用铝压管，长度不小于60mm　　　　　UT型线夹(可调)

单拉线零件组装图(二)

说明　1. 金具选用符合国家电网公司输变电工程通用设计。

2. 拉线上端根据挂孔情况选用或取消U型环。

3. 尾线铝压管选择与拉线型号相匹配的接续管，采用钳压或液压，其操作要求、握着强度、外观质量等参照导线接头的有关规定进行。

4. 拉线下端的UT型线夹螺母紧固好后加装2个防盗罩(帽)。

5. 拉线的质量要求及允许偏差应满足下列规定:

(1) 线夹的舌板与拉线应紧密接触，拉线受力后不得滑动;线夹的凸肚应在尾线侧。

(2) 拉线弯曲部分不得松股，断头侧应采取有效措施防止散股。

(3) 拉线尾线露出为300~500mm，尾线回头后与本线采用接续管压牢;尾线回头一致美观。

(4) 拉线安装施加初应力为160N/mm², 并按要求调紧。

(5) 拉线与拉线棒方向一致，呈一直线。

(6) 拉线对地夹角值与设计值的允许偏差不超过1°。

(7) 拉线调紧后, UT型线夹螺母上侧必须露出3~5扣的螺纹长度, 以供运行中调整。

0201020301　混凝土电杆组立（二）

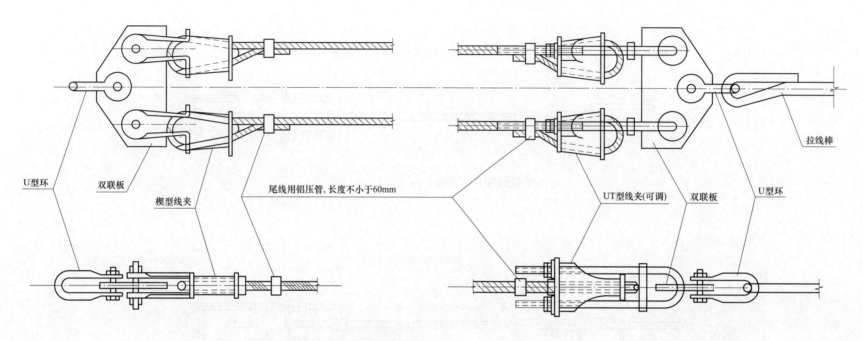

双拉线零件组装图

U型环　　双联板　　楔型线夹　　尾线用铝压管, 长度不小于60mm　　UT型线夹(可调)　　双联板　　U型环　　拉线棒

说明　1. 金具选用符合国家电网公司输变电工程通用设计。

　　　2. 拉线下端的UT型线夹螺母紧固好后加装2个防盗罩(帽)。

　　　3. 尾线铝压管选择与拉线型号相匹配的接续管, 采用钳压或液压, 其操作要求、握着强度、外观质量等参照导线接头的有关规定进行。

　　　4. 拉线的质量要求及允许偏差应满足下列规定:

　　　(1) 线夹的舌板与拉线应紧密接触, 拉线受力后不得滑动; 线夹的凸肚应在尾线侧。

　　　(2) 拉线弯曲部分不得松股, 断头侧应采取有效措施防止散股。

　　　(3) 拉线尾线露出为300~500mm, 尾线回头后与本线采用接续管压牢; 尾线回头一致美观。

　　　(4) 拉线安装施加初应力为160N/mm², 并按要求调紧。

　　　(5) 拉线与拉线棒方向一致, 呈一直线。

　　　(6) 拉线对地夹角值与设计值的允许偏差应不超过1°。

　　　(7) 拉线调紧后, UT型线夹螺母上侧必须露出3~5扣的螺纹长度, 以供运行中调整。

　　　(8) 组合拉线的各根拉线应受力均衡。

0201020301　混凝土电杆组立（三）

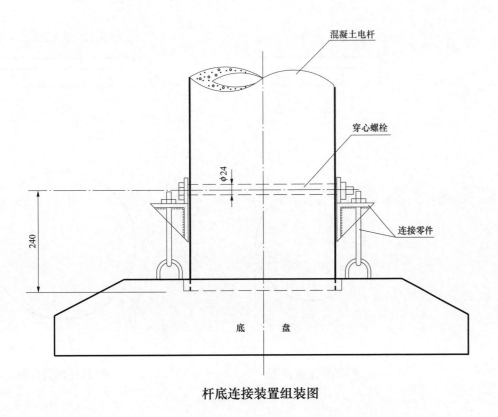

混凝土电杆

穿心螺栓

连接零件

φ24

240

底　盘

杆底连接装置组装图

说明　1. 杆底连接装置适用于底盘基础有抗拔要求的杆型。
　　　2. 穿心螺栓车M24螺纹, 长度55mm, 配一螺母两垫圈。

0201020301　混凝土电杆组立（四）

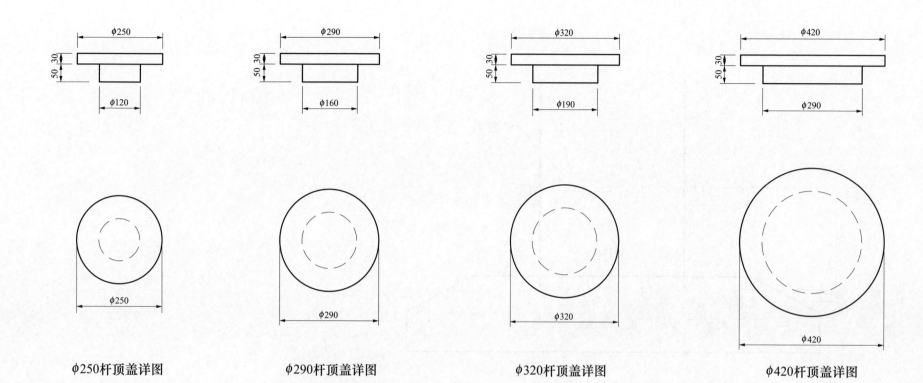

φ250杆顶盖详图   φ290杆顶盖详图   φ320杆顶盖详图   φ420杆顶盖详图

说明 1. 采用C20级细石混凝土。
　　　2. 盖顶坡度取3%～5%，最高点为圆心处。
　　　3. 先在盖的下平面与杆顶接触的部位刷一周环氧树脂或结构胶，然后再装。
　　　4. 杆顶直径小于200mm的，可直接用素混凝土封堵密实，不装杆顶盖。

0201020301　　混凝土电杆组立（五）

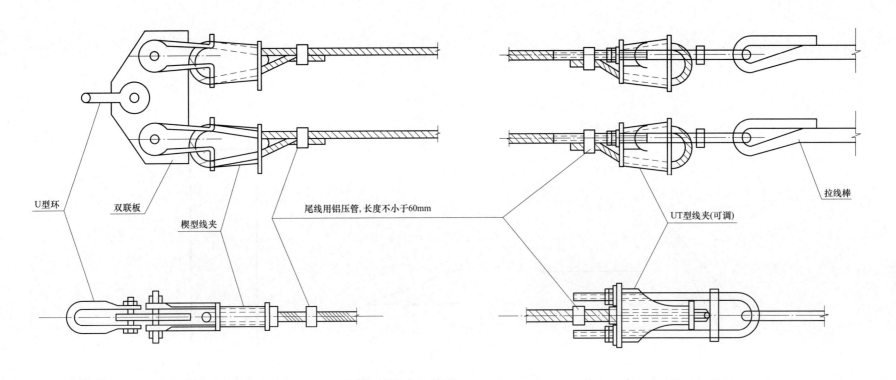

U型环

双联板

楔型线夹

尾线用铝压管,长度不小于60mm

UT型线夹(可调)

拉线棒

拉线零件组装图

说明 1. 金具选用符合国家电网公司输变电工程通用设计。

2. 拉线下端的UT型线夹螺母紧固好后加装2个防盗罩(帽)。

3. 尾线铝压管选择与拉线型号相匹配的接续管,采用钳压或液压,其操作要求、握着强度、外观质量等参照导线接头的有关规定进行。

4. 拉线的质量要求及允许偏差应满足下列规定:

(1) 线夹的舌板与拉线应紧密接触,拉线受力后不得滑动; 线夹的凸肚应在尾线侧。

(2) 拉线弯曲部分不得松股,断头侧应采取有效措施防止散股。

(3) 拉线尾线露出为300~500mm,尾线回头后与本线采用接续管压牢; 尾线回头一致美观。

(4) 拉线安装施加初应力为160N/mm², 并按要求调紧。

(5) 拉线与拉线棒方向一致, 呈一直线。

(6) 拉线对地夹角值与设计值的允许偏差不超过1°。

(7) 拉线调紧后,UT型线夹螺母上侧必须露出3~5扣的螺纹长度,以供运行中调整。

(8) 组合拉线的各根拉线应受力均衡。

0201020302 拉线塔组立(一)

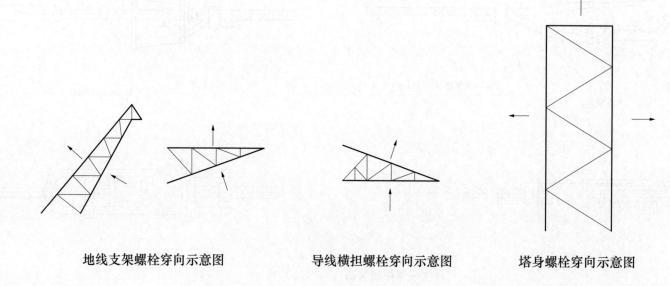

地线支架螺栓穿向示意图　　　　导线横担螺栓穿向示意图　　　　塔身螺栓穿向示意图

说明　个别螺栓不易安装时, 穿入方向允许变更处理。

0201020302　拉线塔组立（二）

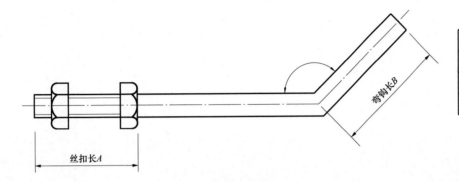

脚钉大样图(正面图)

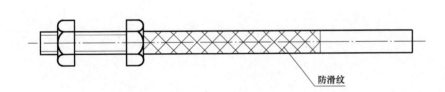

防滑纹

脚钉大样图(俯视图)

尺　寸　表　　　　　　　（mm）

脚钉规格	丝扣长 A	弯钩长 B	总长	级别
M16	60	50	230	6.8 级
M20	80	60	260	6.8 级
M24	110	75	315	8.8 级

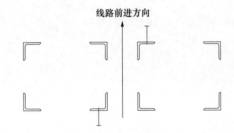

线路前进方向

拉线塔脚钉布置示意图

说明　1.脚钉弯钩及防滑纹朝上安装,全杆塔应一致。
　　　2.脚钉安装前先将脚蹬侧的螺母紧固好,脚蹬侧不得露丝。
　　　3.脚钉采用双螺母防卸时,丝扣相应加长。
　　　4.脚钉的强度级指热镀锌后的级别。

0201020302　拉线塔组立（三）

第2篇

架空线路电气工程

总　说　明

1　编制依据

GB/T 2314—2008《电力金具通用技术条件》

GB/T 2315—2008《电力金具标称破坏荷载系列及连接型式尺寸》

GB 50233—2005《110～500kV架空送电线路施工及验收规范》

GB 50545—2010《110kV～750kV架空输电线路设计规范》

GB 50790—2013《±800kV直流架空输电线路设计规范》

GB 50665—2011《1000kV架空输电线路设计规范》

DL/T 756—2009《悬垂线夹》

DL/T 757—2009《耐张线夹》

DL/T 758—2009《接续金具》

DL/T 759—2009《连接金具》

DL/T 760.3—2001《均压环、屏蔽环和均压屏蔽环》

DL/T 1069—2007《架空输电线路导地线补修导则》

DL/T 5285—2013《输变电工程架空导线及地线液压压接工艺规程》

DL/T 5344—2006《电力光纤通信工程验收规范》

Q/GDW 248—2008《输变电工程建设标准强制性条文实施管理规程》

Q/GDW 434.2—2010《国家电网公司安全设施标准 第二部分：电力线路》及编制说明

Q/GDW 571—2010《大截面导线压接工艺导则》

基建质量〔2010〕19号《国家电网公司输变电工程质量防治工作要求及技术措施》

《国家电网公司输变电工程标准工艺》的《施工工艺示范手册》、《施工工艺示范光盘》、《工艺标准库（2012年版）》

《国家电网公司输变电工程通用设计》的《110（66）～220kV输电线路金具图册》、《330～750kV输电线路金具图册》、《220kV输电线路金具分册》、《500kV输电线路金具分册》等

其他相关现行国家标准/规程规范

2　适用范围

2.1　本图集适用于110kV及以上架空线路电气工程。

2.2　本图集可供设计、施工、监理、质量监督及工程验收单位相关人员使用。

3　材料要求

除图中有特别规定外，其他未注明的材料应满足以下要求。

3.1　导地线：圆线同心绞线由铝及铝合金线、架空线用镀锌钢线、铝包钢线任意的金属单线组合而成，常用导地线包括钢芯铝绞线、铝包钢芯铝绞线、钢绞线等型式，其电气和机械性能应符合GB/T 1179—2008《圆线同心绞架空导线》的规定。节能导线主要包括钢芯高电导率铝绞线、铝合金芯高电导率铝绞线、中强度铝合金绞线，其电气和机械性能应分别符合国家电网公司相关企业标准的规定。

3.2　光缆：由铝包钢单丝、铝合金单丝及光单元（不锈钢管）绞制而成，光单元中的光纤类型为G.652或G.655。光缆最外层的铝包钢单丝电导率为20％IACS时直径不小于3mm，电导率为40％IACS时直径不小于3.2mm。

3.3　绝缘子：瓷绝缘子、玻璃绝缘子、复合绝缘子等均有采用。绝缘子选型时应考虑绝缘子的结构形式、机械强度、绝缘配合等要求。应选择满足设计要求、经济合理、性能优良的常用绝缘子。

3.4　金具：金具材质一般为铁质材料和铝质材料。为了减少线路运行的磁

滞损耗和涡流损耗，与导线直接接触的金具部件应采用铝制材料，其他部件可采用铁质材料。输电线路中与导线直接接触的金具部件，如悬垂线夹本体、耐张线夹铝管、接续用铝管、引流线夹、导线间隔棒线夹、防振锤线夹等应采用铝制材料。

金具选材时应考虑材料的机械强度、耐磨性和耐腐蚀性等，并应选择满足设计要求、经济合理、性能优良的常用材料。

金具用铁质材料主要包括碳素结构钢、优质碳素结构钢、低合金高强度结构钢、可锻铸铁等。所有铁质材料（不锈钢和灰铸铁除外）应进行镀锌防腐。不锈钢防锈性能不低于1Cr18Ni9Ti。

金具用铝质材料主要包括工业纯铝、铝合金等。

3.5 接地体：接地装置接地体可采用圆钢、铜包钢、铝包钢、扁钢、角钢、钢管等。接地装置的导体，应符合热稳定与均压的要求。接地体引下线的截面积不应小于 $50mm^2$，且应热镀锌。

4 设计、施工说明

本图集仅提供一般常用的构造详图，未涉及的做法，可选用《国家电网公司输变电工程通用设计》的相关做法。使用本图集时，尚应按照国家颁布的有关规范和规程的规定执行。

4.1 导地线展放及弧垂控制。

（1）110kV线路导线宜采用张力放线；良导体架空地线、220kV及以上线路导线应采用张力放线。

（2）导地线接续管、补修管位置与耐张线夹、悬垂线夹、间隔棒的距离应符合 GB 50233—2005《110～500kV架空送电线路施工验收规范》的有关规定。

（3）在跨越铁路、高速公路、一级公路、电车道、一二级通航河流、110kV及以上电力线、特殊管道、索道等重要交叉跨越时，导地线不得接头。

（4）在一般档距中央，导线与地线间的距离，应按下式校验（计算条件为气温＋15℃，无风、无冰）

$$S \geqslant 0.012L + 1$$

式中　S——导线与地线间的距离，m；

　　　L——档距，m。

（5）导地线弧垂偏差应符合 GB 50233—2005《110～500kV架空送电线路施工验收规范》的有关规定。

（6）导线展放完毕后，要及时进行附件安装。

4.2 导地线压接。

（1）应根据导地线型号选择与之相匹配的耐张管、接续管、补修管等，其质量应符合 GB/T 2314—2008《电力金具通用技术条件》规定。导地线压接应符合 DL/T 5285—2013《输变电工程架空导线及地线液压压接工艺规程》的规定。

（2）导地线的连接部分不得有线股绞制不良、断股、缺股等缺陷。压接后管口附近不得有明显的松股现象。

（3）铝件的电气接触面应平整、光洁，不允许有毛刺或超过板厚极限偏差的碰伤、划伤、凹坑及压痕等缺陷。

（4）压后对边距最大值不应超过推荐值尺寸，对边距 $S＝(0.866 \times 0.993D)＋0.2mm$（$D$ 为管外径）；三个对边距只允许有一个达到最大值，超过此规定时应更换钢模重压。

（5）压后弯曲度不能大于 1.6%，否则应校直，校直后的耐张管不得有裂纹。

（6）握着力强度不小于额定拉断力的 95%。

4.3 导地线悬垂串、耐张串安装。

（1）绝缘子安装前应逐个表面清洗干净，并应逐个（串）进行外观检查。安装时应检查碗头、球头与弹簧销子之间的间隙。在安装好弹簧销子的情况下球头不得自碗头中脱出。验收前应清除瓷（玻璃）表面的污垢。有机复合绝缘子伞套的表面不允许有开裂、脱落、破损等现象，绝缘子的芯棒与端部附件不应有明显的歪斜。

（2）绝缘子串螺栓、穿钉及弹簧销子穿向应符合 GB 50233—2005《110～500kV架空送电线路施工验收规范》的有关规定，除了固定的穿向外，其余穿向应统一。

（3）球头和碗头连接的绝缘子应装备有可靠的锁紧装置。

4.4 均压环、屏蔽环安装。

（1）单联Ⅰ串绝缘子采用圆形均压环，双联Ⅰ串采用跑道型均压环，耐张串采用均压屏蔽环。

（2）均压环、屏蔽环不得变形，表面光洁，不得有凸凹等损伤。

（3）均压环、屏蔽环对塔身各部位距离满足规范要求，大转角外侧均压屏蔽环和Ⅴ串均压环对横担的间隙值应满足雷电过电压的间隙值。

（4）对于有开口的均压环、屏蔽环安装时应控制开口处间隙使其满足设计要求。

（5）均压环应与导线平行，屏蔽环应与导线垂直。

4.5 引流线制作。

（1）两端的柔性引流线应呈近似悬链自然下垂，引流线安装后，检查引流线弧垂及引流线与杆塔构件（包括爬梯、脚钉等）的最小间隙，在相应风偏条件下，其带电部分与杆塔构件（包括爬梯、脚钉等）的间隙，应符合相应设计规程要求。

（2）引流线应避免与其他部件相摩擦，对于安装了均压环的导线耐张串，引流线不宜从均压环内穿过。

（3）铝制引流连板的连接面应平整、光洁。

（4）引流线间隔棒（结构面）应垂直于引流线束。

（5）引流线的刚性支撑尽量水平，要满足机械强度和电晕的要求。

（6）爬梯应满足机械强度和电晕要求，施工时，爬梯长度按两端高差进行调整。

4.6 防振锤安装。

（1）防振锤安装距离应符合设计要求。

（2）防振锤应与地平面垂直，其安装距离允许偏差≤±24mm。

4.7 阻尼线安装。安装于导地线上的阻尼线应自然下垂，弧垂要自然、顺畅。阻尼线安装距离允许偏差≤±24mm。

4.8 间隔棒安装。杆塔两侧第一个间隔棒的安装距离允许偏差不大于端次档距的±1.2%，其余不大于次档距的±2.4%。

4.9 OPGW弧垂。

（1）OPGW架线施工必须采用张力放线。

（2）110kV线路OPGW弧垂允许偏差在−2%～+4%；220kV及以上线路OPGW弧垂允许偏差≤±2%。跨越通航河流的大跨越档OPGW弧垂允许偏差≤±0.8%，其正偏差≤800mm。

（3）OPGW紧线时应用OPGW专用紧线器。OPGW耐张预绞丝重复使用不得超过两次。

4.10 OPGW金具串安装。

（1）金具串上的各种螺栓、穿钉、除有固定的串向外，其余穿向应统一，应符合GB 50023—2005《110～500kV架空送电线路施工及验收规范》的有关规定。

（2）接地引线全线安装位置要统一，接地引线应顺畅。

（3）OPGW小弧垂应近似为悬链线状态。

4.11 OPGW附件安装。

（1）OPGW上的防振锤应与OPGW平行，并加装预绞丝，其安装距离允许偏差≤±24mm。

（2）OPGW引下线夹要自上而下安装，安装距离在1.5～2m范围之内。线夹固定在突出部位，不得使余缆线与角铁发生摩擦碰撞。变电架构OPGW引下线夹要绝缘。

（3）OPGW光纤熔接时，熔纤盘内接续光纤单端盘留量不少于500mm，弯曲半径不小于30mm。

（4）OPGW接头盒安装在铁塔主材内侧，安装高度宜为8～10m，全线安装位置要统一。变电架构终端接头盒安装高度宜为1.5～2m。

4.12 全介质自成承式光缆（ADSS）。

（1）ADSS架线施工必须采用张力放线。

（2）金具串上的各种螺栓、穿钉、除有固定的串向外，其余穿向应统一。

（3）悬垂金具挂好后要保证风偏时碰不到铁塔，若挂点处塔身较宽，应顺线路使用两套金具，确保光缆不与塔身摩擦。

（4）直通型耐张串光缆引流线应自然顺畅，呈近似悬链状态，弧垂为300～500mm。

4.13 接地工程。

（1）接地引下线与杆塔的连接应便于断开测量接地电阻。接地螺栓宜采用可拆卸的防盗螺栓。

（2）接地体应采用搭接施焊，圆钢搭接长度应不小于直径的6倍并双面施焊；扁钢搭接长度应不小于宽度的2倍并四面施焊。焊接部分外侧100mm范围内应进行防腐处理。

（3）接地体及接地模块接地沟开挖应选择在等高线上，避免在斜坡上，且相互间距不小于5m。

4.14 相位标识。

（1）塔位牌、相位标识牌及警示牌的样式与规格，符合Q/GDW 434.2—2010《国家电网公司安全设施标准 第二部分：电力线路》的规定。

（2）塔位牌和警示牌安装在线路铁塔小号侧的醒目位置，安装位置尽量避开脚钉，距地面的高度对同一工程应统一安装位置。相位标识牌安装在导线挂点附近的醒目位置。

（3）高塔航空标志包含航空障碍灯和警航漆。

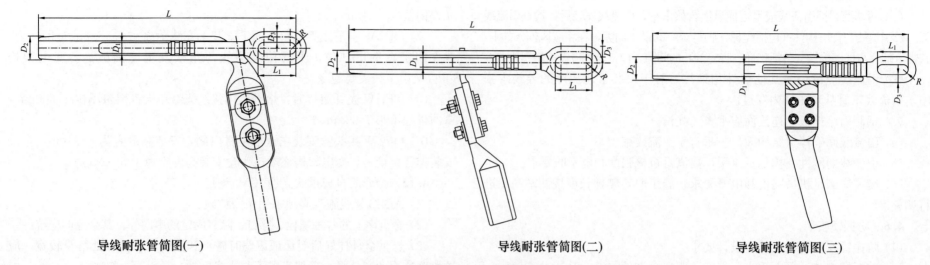

导线耐张管简图(一)　　　　　　　　导线耐张管简图(二)　　　　　　　　导线耐张管简图(三)

常用导线耐张管主要参数表

型号	适用钢芯铝绞线型号	主要尺寸（mm）						备注
		L	L_1	D_1	D_2	D_3	R	
NY－300/25A（B）	JL/G1A－300/25	505	70	14	40	18	11	简图（一）
NY－300/40A（B）	JL/G1A－300/40	525	70	16	40	18	12	简图（一）
NY－400/35A（B）	JL/G1A－400/35	565	78	16	45	20	13	简图（一）
NY－400/50A（B）	JL/G1A－400/50	590	78	20	45	22	13	简图（一）
NY－500/45A（B）	JL/G1A－500/45	645	78	18	52	20	13	简图（二）
NY－630/45A（B）	JL/G1A－630/45	650	95	22	60	24	15	简图（二）
NY－500/45A（B）	JL/G1A－500/45	680	78	18	52	22	13	简图（三）
NY－630/45A（B）	JL/G1A－630/45	705	80	18	60	22	15	简图（三）
NY－630/55A（B）	JL/G1A－630/55	715	80	20	60	24	15	简图（三）

说明　1. 应根据导线型号选择与之相匹配的耐张管，其质量应符合GB/T 2314—2008《电力金具通用技术条件》的规定。

2. 采用整体式液压型耐张管，引流板采用单面或双面接触的型式，引流板的套管应以紧配合套在耐张管主管上，与耐张铝管焊接牢靠。

3. 导线耐张管压接应符合DL/T 5285—2013《输变电工程架空导线及地线液压压接工艺规程》两规定。

4. 握着力强度不小于额定拉断力的95%。

5. 常规引流板的角度应符合本图要求，对于换位塔、高差较大的耐张塔引流板的角度需要根据实际情况单独考虑。

0202010201　导线耐张管压接

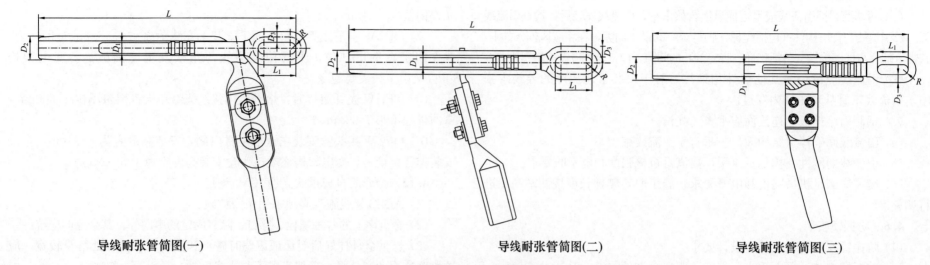

导地线压接

0202010200

98

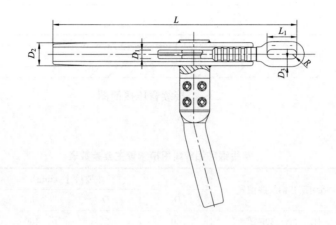

大截面导线耐张管简图

常用大截面导线耐张管主要参数表

型号	适用钢芯铝绞线型号	主要尺寸（mm）						备注
		L	L_1	D_1	D_2	D_3	R	
1000/45A（B1、B2）	JL/G3A－1000/45	820	95	24	72	28	16	
1000/80A（B1、B2）	JL/G2A－1000/80	830	95	28	72	28	16	

说明　1. 本工艺所指大截面导线由多根硬铝线和镀锌钢绞线组成，以多根镀锌钢绞线为芯外部同心螺旋绞四层硬铝线，铝导线标称截面不小于800mm²。

2. 应根据导线型号选择与之相匹配的液压型耐张管，其质量应符合GB/T 2314—2008《电力金具通用技术条件》的规定。

3. 大截面导线耐张管压接应符合Q/GDW 571—2010《大截面导线压接工艺导则》的规定。

4. 握着力强度不小于额定拉断力的95%。

5. 常规引流板的角度应符合上图要求，对于换位塔、高差较大的耐张塔引流板的角度需要根据实际情况单独考虑。

0202010202　大截面导线耐张管压接

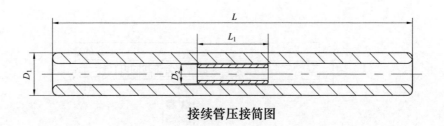

接续管压接简图

常用钢芯铝绞线用接续管主要参数表

型号	适用钢芯铝绞线型号	主要尺寸（mm）				备注
		D_1	D_2	L	L_1	
JYD‐300/25	JL/G1A‐300/25	40	20	480	90	
JYD‐300/40	JL/G1A‐300/40	40	20	490	100	
JYD‐400/35	JL/G1A‐400/35	45	22	540	100	
JYD‐400/50	JL/G1A‐400/50	45	24	570	120	
JYD‐500/45	JL/G1A‐500/45	52	24	610	110	
JYD‐630/45	JL/G1A‐630/45	60	24	680	110	
JYD‐630/55	JL/G1A‐630/55	60	26	690	120	

说明　1. 应根据导线型号选择与之相匹配的接续管，其质量应符合GB/T 2314—2008《电力金具通用技术条件》的规定。
　　　2. 采用液压式接续管，钢芯采用搭接方式。
　　　3. 导线接续管压接应符合DL/T 5285—2013《输变电工程架空导线及地线液压压接工艺规程》的规定。
　　　4. 握着力强度不小于额定拉断力的95%。

0202010203　导线接续管压接

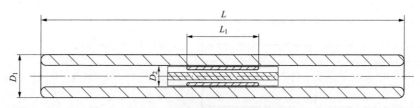

大截面导线接续管简图

常用大截面导线接续管主要参数表

型号	适用导线	主要尺寸（mm）				备注
		D_1	D_2	L	L_1	
JYD－800/55	JL/G3A－800/55	65	40	780	120	
JYD－900/40	JL/G3A－900/40	68	40.5	910	110	
JYD－900/75	JL/G2A－900/75	68	42.5	870	150	
JYD－1000/45	JL/G3A－1000/45	72	45	930	135	
JYD－1000/80	JL/G2A－1000/80	72	45.8	1120	280	

说明　1. 应根据导线型号选择与之相匹配的接续管，其质量应符合GB/T 2314—2008《电力金具通用技术条件》的规定。

2. 采用液压式接续管，钢芯采用搭接方式。

3. 大截面导线接续管压接须符合Q/GDW 571—2010《大截面导线压接工艺导则》的规定。

4. 握着力强度不小于额定拉断力的95%。

0202010204　大截面导线接续管压接

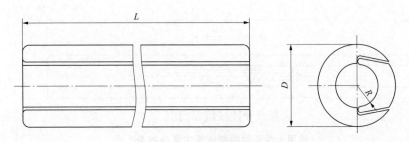

补修管简图
常用补修管主要参数表

型号	适用导线	主要尺寸（mm）		
		D	L	R
JX-300	JL/G1A-300/25～40	40	250	13.0
JX-400	JL/G1A-400/35～50	45	300	14.5
JX-500	JL/G1A-500/45～65	52	320	16.0
JX-630	JL/G1A-630/45～80	60	370	18.0

说明　1. 应根据导线型号选择与之相匹配的液压式补修管，其质量应符合GB/T 2314—2008《电力金具通用技术条件》的规定。

　　　2. 导线补修管压接须符合DL/T 1069—2007《架空输电线路导地线补修导则》的规定。

　　　3. 握着力强度不小于额定拉断力的95%。

0202010205　导线补修

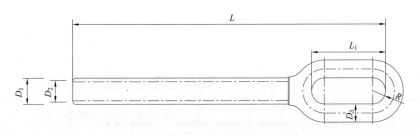

地线耐张管结构简图

常用地线耐张管主要参数表

型号	适用地线型号	主要尺寸（mm）						备注
		D_1	D_2	D_3	L	L_1	R	
NY‐35G	GJ‐35	16	8.4	16	210	50	10	
NY‐50G	GJ‐50	18	9.7	16	230	55	10	
NY‐80G	GJ‐80	24	12.2	18	295	80	12	
NY‐100G	GJ‐100	26	13.7	20	315	80	13	

说明　1. 应根据地线型号选择与之相匹配的耐张管，其质量应符合GB/T 2314—2008《电力金具通用技术条件》的规定。

　　　2. 采用整体式液压型耐张管。

　　　3. 地线耐张管压接应符合DL/T 5285—2013《输变电工程架空导线及地线液压压接工艺规程》的规定。

　　　4. 握着力强度不小于额定拉断力的95%。

0202010206　地线耐张管压接

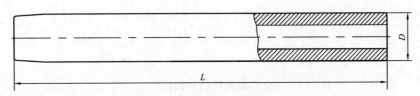

地线接续管简图

常用地线接续管主要参数表

型号	适用地线型号	主要尺寸（mm）		备注
		D	L	
JY-35G	GJ-35	16	220	
JY-50G	GJ-50	18	240	
JY-80G	GJ-80	24	300	
JY-100G	GJ-100	26	340	

说明 1. 应根据地线型号选择与之相匹配的接续管，其质量应符合GB/T 2314—2008《电力金具通用技术条件》的规定。
　　　2. 采用液压式接续管,钢芯采用对接方式。
　　　3. 地线接续管压接应符合DL/T 5285—2013《输变电工程架空导线及地线液压压接工艺规程》的规定。
　　　4. 握着力强度不小于额定拉断力的95%。

0202010207　地线接续管压接

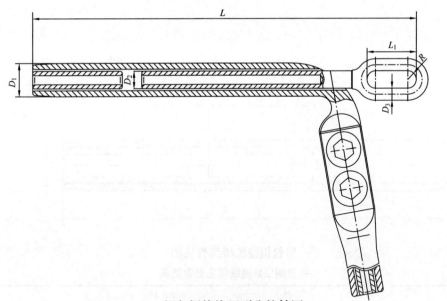

铝包钢绞线用耐张管简图

铝包钢绞线用耐张管主要参数表

型号	适用绞线型号	主要尺寸（mm）						备注
		D_1	D_2	D_3	L	L_1	R	
NY－100BG－20	JLB20A－100	38	26	20	455	80	12	
NY－100BG－35	JLB35－100	38	26	20	435	70	12	
NY－100BG－40	JLB40－100	38	26	20	435	70	12	
NY－120BG－20	JLB20A－120	42	30	22	490	80	13	
NY－120BG－35	JLB35－120	36	24	18	450	70	12	
NY－120BG－40	JLB40－120	36	24	18	450	70	12	
NY－150BG－20	JLB20A－150	45	32	26	560	80	16	
NY－150BG－35	JLB35－150	38	26	18	445	80	12	
NY－150BG－40	JLB40－150	38	26	18	445	70	12	

说明　1. 应根据铝包钢绞线型号选择与之相匹配的耐张管，其质量应符合GB/T 2314—2008《电力金具通用技术条件》的规定。

2. 采用整体式液压型耐张管，引流板采用单面接触的型式。

3. 铝包钢绞线耐张管压接应符合DL/T 5285—2013《输变电工程架空导线及地线液压压接工艺规程》的规定。

4. 握着力强度不小于额定拉断力的95%。

0202010208　铝包钢绞线耐张管压接

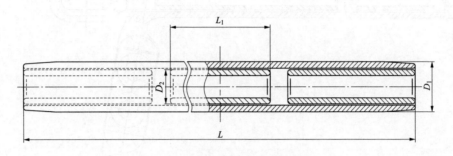

铝包钢绞线接续管简图

铝包钢绞线接续管主要参数表

型号	适用钢芯铝绞线型号	主要尺寸（mm）				备注
		D_1	D_2	L	L_1	
JY－120BG－20	JLB20A－120	42	30	680	400	
JY－120BG－40	JLB40－120	36	24	630	380	
JY－150BG－20	JLB20A－150	45	32	740	440	
JY－150BG－40	JLB40－150	38	26	660	400	

说明　1. 应根据铝包钢绞线型号选择与之相匹配的接续管，其质量应符合GB/T 2314—2008《电力金具通用技术条件》的规定。

2. 采用液压式接续管，钢芯采用搭接方式。

3. 铝包钢绞线接续管压接应符合DL/T 5285—2013《输变电工程架空导线及地线液压压接工艺规程》的规定。

4. 握着力强度不小于额定拉断力的95%。

0202010209　铝包钢绞线接续管压接

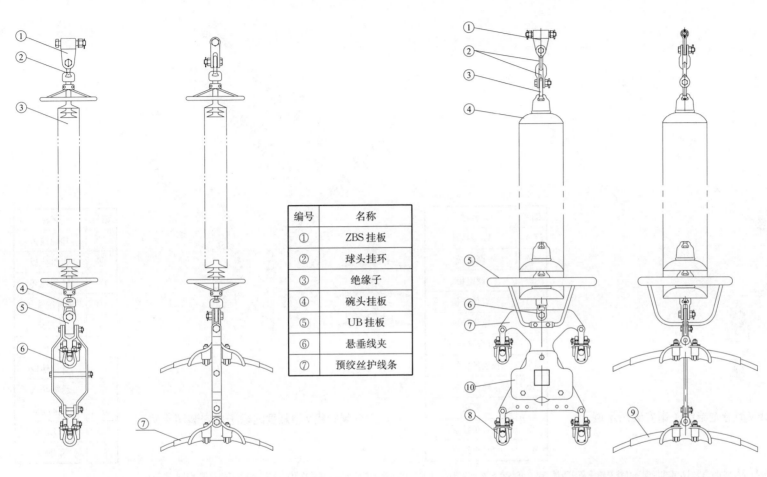

编号	名称
①	ZBS 挂板
②	球头挂环
③	绝缘子
④	碗头挂板
⑤	UB 挂板
⑥	悬垂线夹
⑦	预绞丝护线条

编号	名称
①	耳轴挂板
②	U 型挂环
③	球头挂环
④	绝缘子
⑤	均压环
⑥	碗头挂板
⑦	联板
⑧	悬垂线夹
⑨	铝包带
⑩	重锤片（配螺栓）

双分裂导线I型悬垂绝缘子串安装图示例　　　　　　　　　　**四分裂导线I型悬垂绝缘子串安装图示例**

说明　1. 导线I型悬垂线夹应与导线型号、排列方式相匹配。导线悬垂线夹分为提包式、预绞式、上扛式三种结构型式，其中提包式悬垂线夹导线处包缠物为预绞丝护线条或铝包带两种
　　　　　形式，提包式悬垂线夹船体的出口角度适用范围为0°~25°。
　　　　2. 联塔金具应能在两个正交的方向上灵活转动，其强度应比绝缘子串中金具强度高一级。I型绝缘子串联塔金具采用ZBS挂板或耳轴挂板，其连塔端的螺栓安装方向为垂直线路方向。
　　　　3. 根据设计要求采用瓷绝缘子、玻璃绝缘子或复合绝缘子等型式的绝缘子，其结构型式、机械强度、爬电距离应满足设计要求。
　　　　4. 悬垂线夹安装后，绝缘子串应垂直地面，个别情况其顺线路方向与垂直位置的偏移角度不应超过4°，且最大偏移值不应超过150mm。连续上、下山坡处杆塔上的悬垂线夹的安装
　　　　　位置应符合设计要求。
　　　　5. 金具串上的各种螺栓、穿钉，除有固定穿向外，其余穿向应统一。
　　　　6. 球头和碗头连接的绝缘子应装备有可靠的紧锁装置。

0202010401　导线I型悬垂绝缘子串安装

107

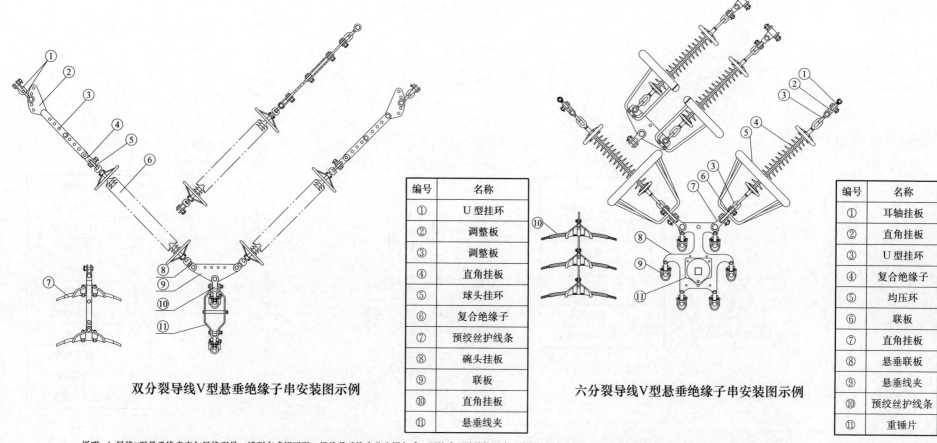

双分裂导线V型悬垂绝缘子串安装图示例

六分裂导线V型悬垂绝缘子串安装图示例

编号	名称
①	U型挂环
②	调整板
③	调整板
④	直角挂板
⑤	球头挂环
⑥	复合绝缘子
⑦	预绞丝护线条
⑧	碗头挂板
⑨	联板
⑩	直角挂板
⑪	悬垂线夹

编号	名称
①	耳轴挂板
②	直角挂板
③	U型挂环
④	复合绝缘子
⑤	均压环
⑥	联板
⑦	直角挂板
⑧	悬垂联板
⑨	悬垂线夹
⑩	预绞丝护线条
⑪	重锤片

说明 1.导线V型悬垂线夹应与导线型号、排列方式相匹配。导线悬垂线夹分为提包式、预绞式两种结构型式,其中提包式悬垂线夹导线处包缠物为预绞丝护线条或铝包带两种形式。

2.联塔金具应能在两个正交的方向上灵活转动,其强度应比绝缘子串中金具强度高一级。V型绝缘子串联塔金具采用U型挂环或EB挂板等型式的金具,其连塔端的螺栓安装方向为垂直线路方向或顺线路方向。

3.V型串用绝缘子的结构型式、机械强度、爬电距离应满足设计要求。

4.根据工程需要,增减PT调整板。

5.悬垂线夹安装后,绝缘子串应垂直地面,个别情况其顺线路方向与垂直位置的偏移角度不应超过4°,且最大偏移值不应超过150mm。连续上、下山坡处杆塔上的悬垂线夹的安装位置应符合设计要求。

6.金具串上的各种螺栓、穿钉,除有固定穿向外,其余穿向应统一。

7.球头和碗头连接的绝缘子应装备有可靠的紧锁装置。

0202010402 导线V型悬垂绝缘子串安装

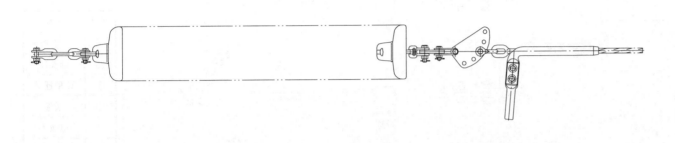

直跳引流板方向示意图

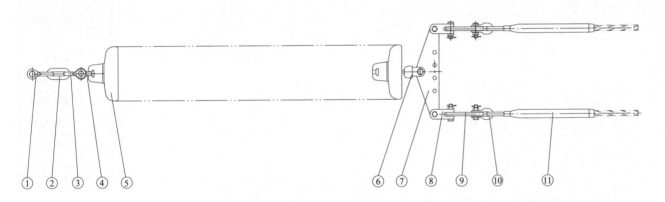

绕跳引流板方向示意图

单联导线耐张绝缘子串安装图例

编号	名称
①	U 型挂环
②	延长环
③	U 型挂环
④	球头挂环
⑤	绝缘子
⑥	碗头挂板
⑦	联板
⑧	直角挂板
⑨	调整板
⑩	U 型挂环
⑪	耐张线夹

说明　1. 采用整体式液压型耐张线夹，型号与导线截面相匹配。

　　　2. 联塔金具应能在两个正交的方向上灵活转动，其强度应比绝缘子串中金具强度高一级。耐张绝缘子串联塔金具采用U型挂环。

　　　3. 根据设计要求采用瓷绝缘子、玻璃绝缘子或复合绝缘子等型式的绝缘子，其结构型式、机械强度、爬电距离应满足设计要求。

　　　4. 耐张绝缘子串螺栓、穿钉及弹簧销子，除有固定的穿向外，其余穿向应统一。

　　　5. 球头和碗头连接的绝缘子应装备有可靠的紧锁装置。

0202010501　单联导线耐张绝缘子串安装

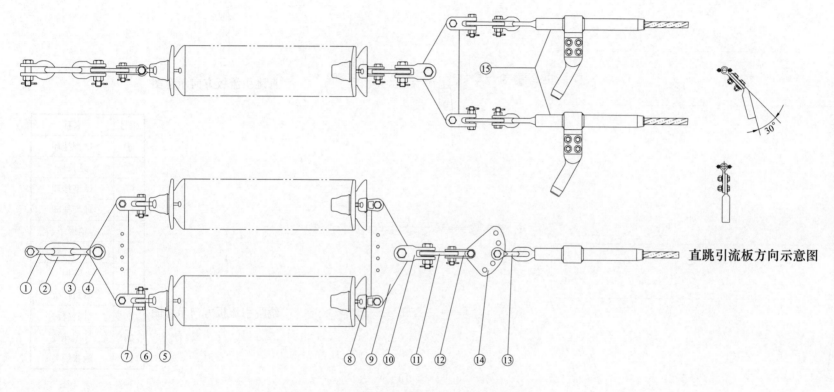

直跳引流板方向示意图

编号	名称
①	U 型挂环
②	延长环
③	U 型挂环
④	联板
⑤	绝缘子
⑥	球头挂环
⑦	直角挂板
⑧	碗头挂板
⑨	联板
⑩	直角挂板
⑪	联板
⑫	直角挂板
⑬	U 型挂环
⑭	调整板
⑮	耐张线夹

双联导线耐张绝缘子串安装图示例(一)

0202010502　多联导线耐张绝缘子串安装（一）

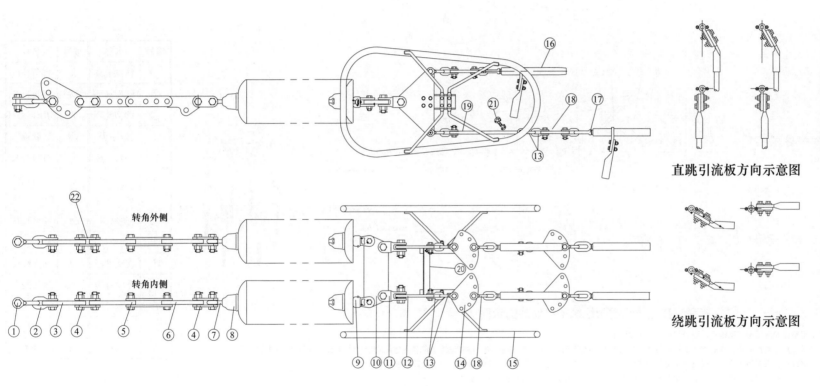

编号	名称
①	U 型挂环
②	U 型挂环
③	调整板
④	平行挂板
⑤	PT 调整板
⑥	牵引板
⑦	球头挂环
⑧	绝缘子
⑨	碗头挂板
⑩	联板
⑪	直角挂板
⑫	联板
⑬	U 型挂环
⑭	调整板
⑮	均压环
⑯	耐张线夹
⑰	耐张线夹
⑱	U 型挂环
⑲	拉杆
⑳	支撑架
㉑	跳线间隔棒
㉒	平行挂板

直跳引流板方向示意图

绕跳引流板方向示意图

双联导线耐张绝缘子串安装图示例(二)

0202010502　多联导线耐张绝缘子串安装（二）

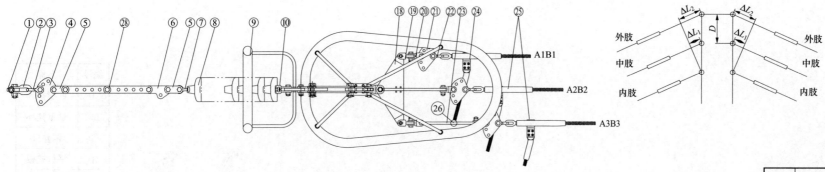

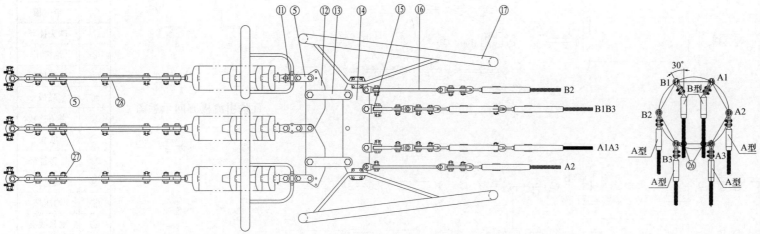

三联三挂点导线耐张绝缘子串安装图示例

编号	名称	编号	名称
①	挂点金具	⑮	直角挂板
②	U型挂环	⑯	延长拉杆
③	U型挂环	⑰	均压屏蔽环
④	调整板	⑱	联板
⑤	平行挂板	⑲	ZBD挂板
⑥	牵引板	⑳	直角挂板
⑦	球头挂环	㉑	DB调整板
⑧	绝缘子	㉒	U型挂环
⑨	均压环	㉓	延长拉杆
⑩	碗头挂板	㉔	耐张线夹
⑪	十字挂板	㉕	耐张线夹
⑫	联板	㉖	调距线夹
⑬	平行挂板	㉗	平行挂板
⑭	联板	㉘	PT调整板

说明 1.采用整体式液压型耐张线夹，型号与导线截面相匹配。
2.联塔金具应能在两个正交的方向上灵活转动，其强度应比绝缘子串中金具强度高一级。耐张绝缘子串联塔金具采用U型挂环或GD挂板等型式的金具。
3.根据设计要求采用瓷绝缘子或玻璃绝缘子型式的绝缘子，其结构型式、机械强度、爬电距离应满足设计要求。
4.当转角内外侧耐张绝缘子串长需要调整时，应按照设计提供的绝缘子串补偿距离调整表施工。
5.当绝缘子串倒挂时，应将绝缘子翻转，并按照设计要求调整有关金具。
6.耐张绝缘子串螺栓、穿钉及弹簧销子，除有固定的穿向外，其余穿向应统一。
7.球头和碗头连接的绝缘子应装备有可靠的紧锁装置。

0202010502　多联导线耐张绝缘子串安装（三）

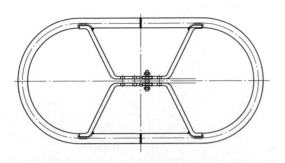

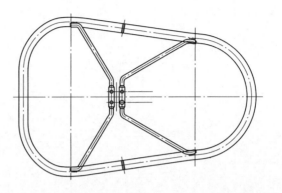

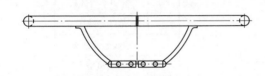

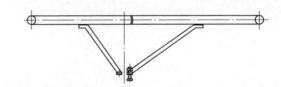

双联悬垂串型均压环   耐张串型均压屏蔽环

说明 1. 单联I串绝缘子采用圆形均压环，双联I串采用跑道型均压环，耐张串采用均压屏蔽环。

2. 均压环、屏蔽环应表面光洁不得变形，不得有凸凹等损伤。

3. 均压环、屏蔽环对杆塔各部位距离满足规范要求，大转角外侧均压屏蔽环和V串均压环对横担的间隙值应满足雷电
过电压的间隙值。

4. 对于有开口的均压环、屏蔽环安装时应控制开口处间隙使其满足设计要求。

5. 均压环应与导线平行，屏蔽环应与导线垂直。

0202010601 均压环、屏蔽环安装

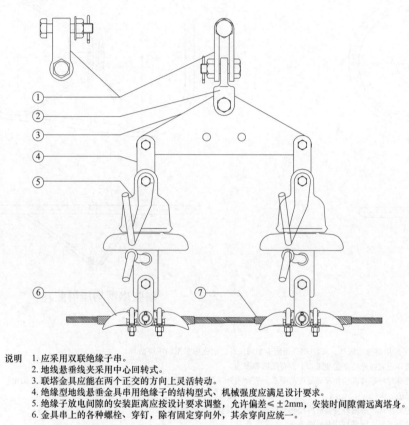

编号	名称
①	UB挂板
②	直角挂板
③	联板
④	PS型平行挂板
⑤	地线绝缘子
⑥	地线悬垂线夹
⑦	铝包带

说明　1.应采用双联绝缘子串。
　　　2.地线悬垂线夹采用中心回转式。
　　　3.联塔金具应能在两个正交的方向上灵活转动。
　　　4.绝缘型地线悬垂金具串用绝缘子的结构型式、机械强度应满足设计要求。
　　　5.绝缘子放电间隙的安装距离应按设计要求调整，允许偏差≤±2mm，安装时间隙需远离塔身。
　　　6.金具串上的各种螺栓、穿钉，除有固定穿向外，其余穿向应统一。

0202010701　绝缘型地线悬垂金具串安装

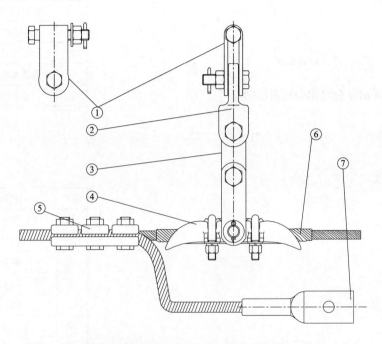

编号	名称
①	UB 挂板
②	直角挂板
③	PD 型挂板
④	地线悬垂线夹
⑤	并沟线夹
⑥	铝包带
⑦	接地端子

说明　1. 地线悬垂线夹采用中心回转式。
　　　2. 联塔金具应能在两个正交的方向上灵活转动。
　　　3. 金具串上的各种螺栓、穿钉，除有固定穿向外，其余穿向应统一。
　　　4. 安装时应在铝股外缠绕铝包带，缠绕时应符合下列规定：
　　　　(1) 铝包带应缠绕紧密，其缠绕方向应与外层铝股的绞制方向一致；
　　　　(2) 所缠铝包带应露出线夹，但不超过10mm，其端头应回缠绕于线夹内压住。
　　　5. 悬垂线夹安装后，悬垂串应垂直地平面。
　　　6. 接地引线长2.5m，全线安装位置、方向应统一，接地引线应顺畅、美观。

0202010702　接地型地线悬垂金具串安装

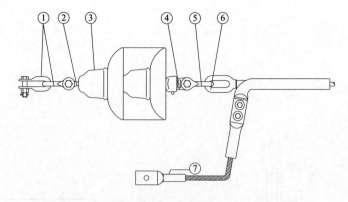

编号	名称
①	U 型挂环
②	球头挂环
③	地线耐张绝缘子
④	碗头挂板
⑤	U 型挂环
⑥	地线耐张线夹
⑦	设备线夹

绝缘型地线单联耐张金具串安装图示例

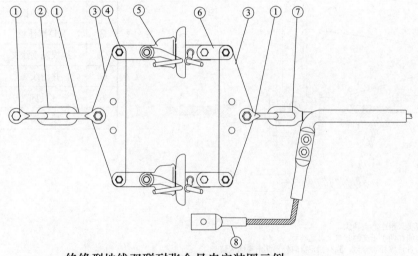

编号	名称
①	U 型挂环
②	延长环
③	联板
④	PS 平行挂板
⑤	绝缘子
⑥	平行挂板
⑦	地线耐张线夹
⑧	设备线夹

绝缘型地线双联耐张金具串安装图示例

说明　1. 绝缘型地线单联耐张金具串安装图示例为变电站构架侧地线绝缘型耐张串，
　　　　　绝缘型地线双联耐张金具串安装图示例为线路绝缘型地线耐张串。
　　　2. 联塔金具应能在两个正交的方向上灵活转动。
　　　3. 绝缘子放电间隙安装距离按设计要求调整，安装距离允许偏差≤±2mm，安装时间隙需远离塔身。
　　　4. 悬垂绝缘子串螺栓、穿钉及弹簧销子，除有固定的穿向外，其余穿向应统一。

0202010801　绝缘型地线耐张金具串安装

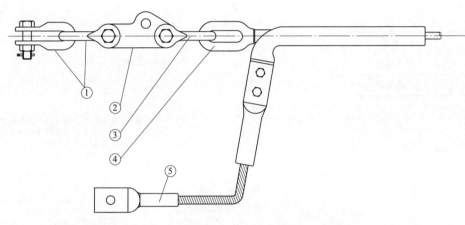

编号	名称
①	U 型挂环
②	牵引板
③	U 型挂环
④	地线耐张线夹
⑤	设备线夹

说明　1. 悬垂绝缘子串螺栓、穿钉及弹簧销子，除有固定的穿向外，其余穿向应统一。
　　　2. 接地引线长2.5m，全线安装位置、方向应统一，接地引线应顺畅、美观。

0202010802　接地型地线耐张金具串安装

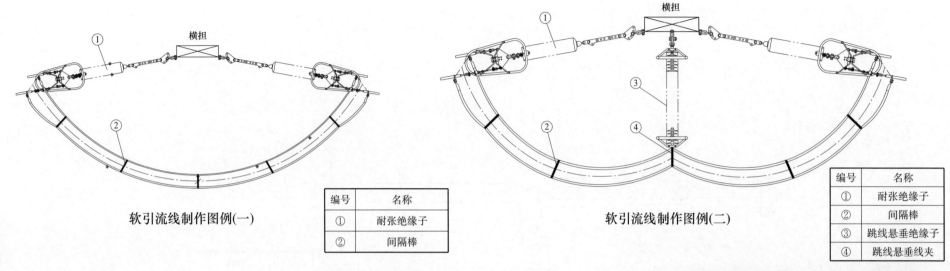

横担

软引流线制作图例(一)

编号	名称
①	耐张绝缘子
②	间隔棒

横担

软引流线制作图例(二)

编号	名称
①	耐张绝缘子
②	间隔棒
③	跳线悬垂绝缘子
④	跳线悬垂线夹

说明 1. 柔性引流线应呈近似悬链自然下垂,应严格按弧垂的要求值安装跳线。
2. 引流线不宜从均压环内穿过,并避免与其他部件相摩擦。
3. 铝制引流连板的连接面应平整、光洁,并沟线夹的接触面应光滑。
4. 引流线间隔棒(结构面)应垂直于引流线束。
5. 引流线安装后,检查引流线弧垂及引流线与杆塔构件(包括爬梯、脚钉等)的最小间隙,在相应风偏条件下,其带电部分与杆塔构件(包括爬梯、脚钉等)的间隙,应符合相应设计规程要求。
6. 引流线及跳线串均压环至耐张串横担侧的第一片绝缘子铁帽的间隙,应符合相应设计规程要求。
7. 如采用引流线专用的悬垂线夹,其结构面应垂直于引流线束。

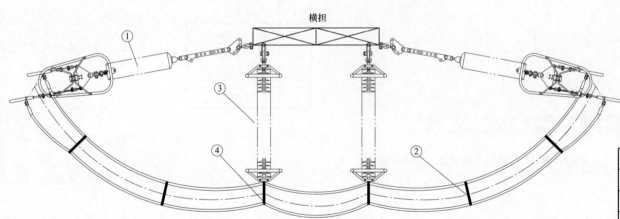

横担

软引流线制作图例(三)

编号	名称
①	耐张绝缘子
②	间隔棒
③	跳线悬垂绝缘子
④	跳线悬垂线夹

0202010901　软引流线制作

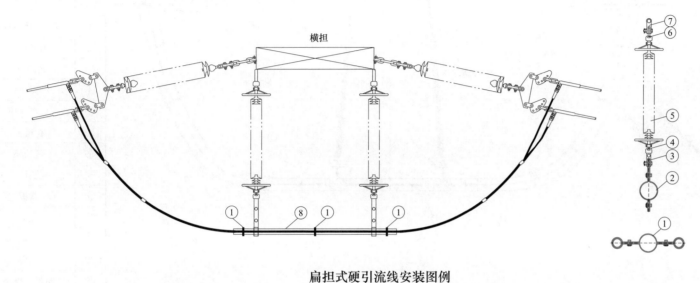

横担

扁担式硬引流线安装图例

编号	名称
①	支撑线夹
②	抱箍
③	Z型挂板
④	碗头挂板
⑤	复合绝缘子
⑥	碗头挂板
⑦	UB挂板
⑧	跳线扁担

说明 1. 两端的柔性引流线应近似悬链自然下垂，引流线安装后，检查引流线弧垂及引流线与杆塔构件(包括拉线、脚钉等)的最小间隙，
　　　在相应风偏条件下，其带电部分与杆塔构件(包括拉线、脚钉等)的间隙，应符合相应设计规程要求。
　　2. 铝制引流连板的连接面应平整、光洁，并沟线夹得接触面应光滑。
　　3. 引流线的刚性支撑尽量水平，与引流线连接要对称、整齐美观。对杆塔的电气间隙应符合规程规定。
　　4. 刚性支撑要满足机械强度和电晕的要求。
　　5. 引流线间隔棒(结构面)应垂直于引流线束。

0202010902　扁担式硬引流线制作

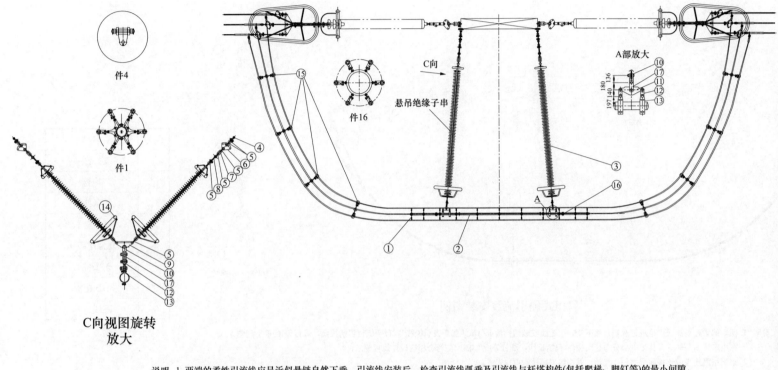

件4

件1

C向视图旋转
放大

件16

C向

悬吊绝缘子串

A部放大

编号	名称
①	抱箍式跳线间隔棒
②	鼠笼箍架
③	绝缘子
④	挂点金具
⑤	U型挂环
⑥	调整板
⑦	延长环
⑧	延长拉杆
⑨	联板
⑩	挂板
⑪	联板
⑫	挂板
⑬	悬吊支撑架
⑭	大均压环
⑮	六分裂跳线间隔棒
⑯	重锤装置
⑰	挂板

说明 1. 两端的柔性引流线应呈近似悬链自然下垂，引流线安装后，检查引流线弧垂及引流线与杆塔构件(包括爬梯、脚钉等)的最小间隙，
在相应风偏条件下，其带电部分与杆塔构件(包括爬梯、脚钉等)的间隙，应符合相应设计规程要求。
2. 引流线不宜从均压环内穿过，并避免与其他部件相摩擦。
3. 铝制引流连板的连接面应平整、光洁。
4. 引流线间隔棒(结构面)应垂直于引流线束。
5. 引流线的刚性支撑尽量水平，要满足机械强度和电晕的要求。

0202010903 笼式硬引流线制作

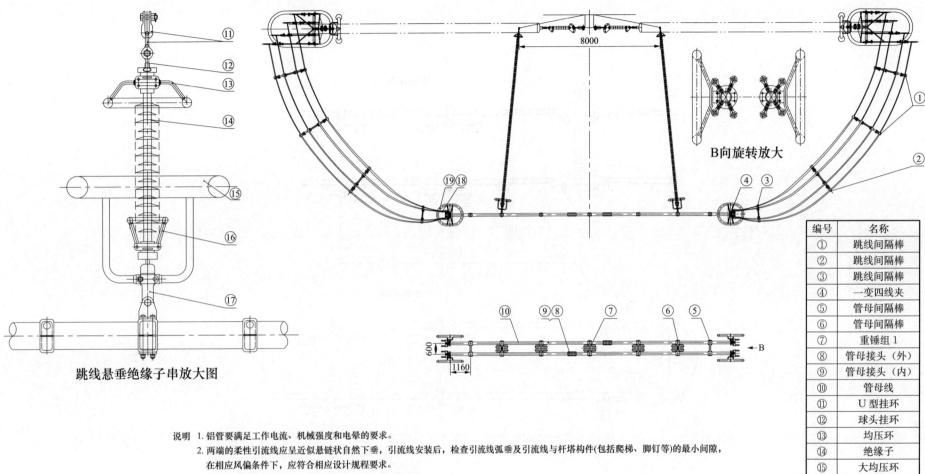

跳线悬垂绝缘子串放大图

B向旋转放大

编号	名称
①	跳线间隔棒
②	跳线间隔棒
③	跳线间隔棒
④	一变四线夹
⑤	管母间隔棒
⑥	管母间隔棒
⑦	重锤组 1
⑧	管母接头（外）
⑨	管母接头（内）
⑩	管母线
⑪	U 型挂环
⑫	球头挂环
⑬	均压环
⑭	绝缘子
⑮	大均压环
⑯	均压环
⑰	碗头挂板
⑱	引流线夹
⑲	屏蔽环

说明 1. 铝管要满足工作电流、机械强度和电晕的要求。
2. 两端的柔性引流线应呈近似悬链状自然下垂，引流线安装后，检查引流线弧垂及引流线与杆塔构件(包括爬梯、脚钉等)的最小间隙，
在相应风偏条件下，应符合相应设计规程要求。
3. 引流线不宜从均压环内穿过，并避免与其他部件相摩擦。
4. 铝制引流联板的连接面应平整、光洁。
5. 引流线间隔棒(结构面)应垂直于引流线束。
6. 铝管的安装应符合要求，其对杆塔的电气间隙必须符合规程规定。
7. 铝管与柔性引流线连接应对称、整齐美观，连接处应安装均压环。
8. 间隔棒的安装位置、重锤片的安装位置及数量需符合设计要求。

0202010904 铝管式硬引流线制作

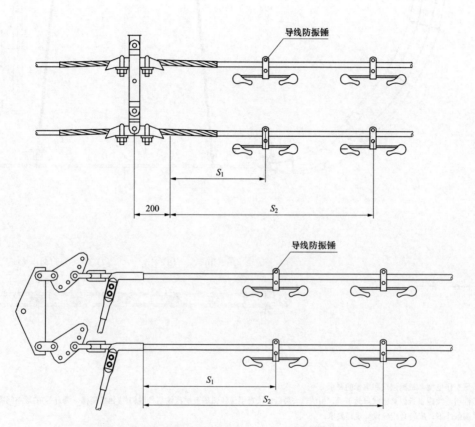

说明 1. 根据设计要求采用对称型或扭矩型防振锤。
2. 防振锤安装距离应符合设计要求。
3. 导线防振锤应与地平面垂直，并根据设计要求加装预绞丝或铝包带，其安装距离允许偏差≤±24mm。

0202011001 导线防振锤安装

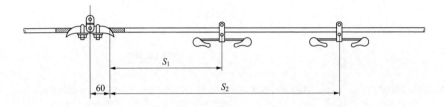

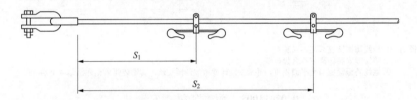

说明 1. 地线防振锤宜采用不对称型。
　　　2. 防振锤安装距离应符合设计要求。
　　　3. 地线防振锤应与地平面垂直，并根据设计要求加装预绞丝或铝包带，其安装距离允许偏差≤±24mm。

0202011002　地线防振锤安装

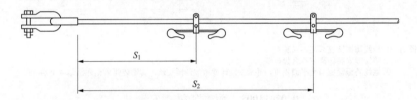

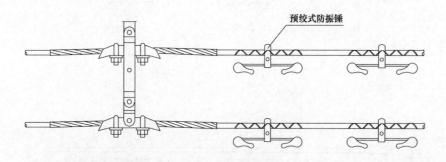

预绞式防振锤

说明　1. 地线防振锤宜采用不对称型。
　　　2. 防振锤安装距离应符合设计要求。
　　　3. 地线防振锤应与地平面垂直，并根据设计要求加装预绞丝，其安装距离允许偏差≤±24mm。

0202011003　预绞式防振锤安装

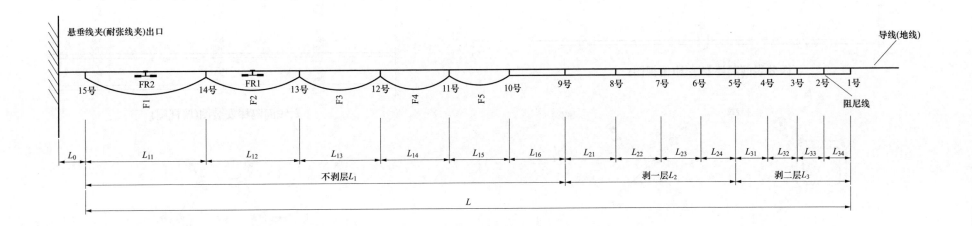

说明 1. 图中纵向标注尺寸为阻尼线弧垂,指地线中心至阻尼线花边最低点中心间的距离,单位为m。

  2. 防振锤安装在花边的中央位置。

  3. 安装于导线或架空地线上的阻尼线应自然下垂,固定点距离和小弧垂要符合设计规定,弧垂要自然、顺畅。

  4. 阻尼线安装距离允许偏差≤±24mm。

0202011101 阻尼线安装

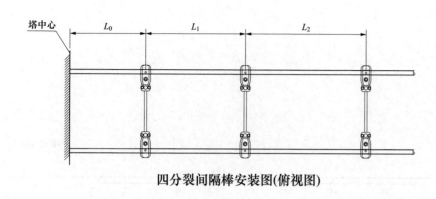

四分裂间隔棒安装图(俯视图)

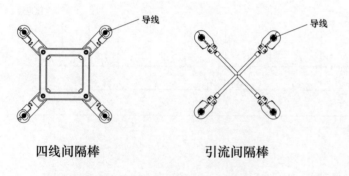

四线间隔棒　　　　　引流间隔棒

四分裂间隔棒安装图(沿线路方向视图)

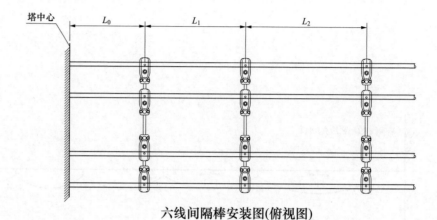

六线间隔棒安装图(俯视图)

六线间隔棒安装图(沿线路方向视图)

说明　1. 杆塔两侧第一个间隔棒的安装距离允许偏差不大于端次档距的±1.2%，其余不大于次档距的±2.4%。

　　　2. 间隔棒安装应牢固，螺栓紧固力应达到扭矩要求。

　　　3. 根据设计图纸确定间隔棒的型式，依据厂家的安装说明进行安装。

　　　4. 间隔棒的结构面应与导线垂直，相(极)间的间隔棒应在导线的同一垂直面上，安装距离应符合设计要求。引流线间隔棒的结构面应与导线垂直，
　　　　其安装位置应符合图纸要求。

　　　5. 各种螺栓、销钉穿向均由线束外侧向内穿，金具上所用闭口销的直径必须与孔径相匹配，且弹力适度。间隔棒夹口的橡胶垫应安装到位。

　　　6. 间隔棒安装位置遇有接续管或补修金具时，应在安装距离允许误差范围内进行调整，使其与接续管或补修金具间保持0.5m以上距离。

0202011201　线夹式间隔棒安装

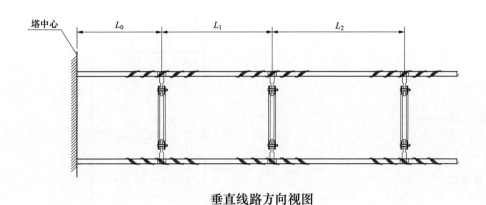

垂直线路方向视图

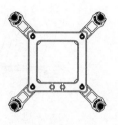

沿线路方向视图

说明　1. 杆塔两侧第一个间隔棒的安装距离允许偏差不大于端次档距的±1.2%，其余不大于次档距的±2.4%。

　　　2. 间隔棒安装应紧密，预绞丝中心与线夹中心重合，对导线包裹紧固。

　　　3. 根据设计图纸确定间隔棒的型式，依据厂家的安装说明进行安装。

　　　4. 间隔棒的结构面应与导线垂直，相(极)间的间隔棒应在导线的同一垂直面上，安装距离应符合设计要求。

　　　5. 各间隔棒缠绕预绞丝时应保证两端整齐，并保持原预绞形状。

　　　6. 间隔棒安装位置遇有接续管或补修金具时，应在安装距离允许误差范围内进行调整，使其与接续管或补修金具间保持0.5m以上距离。

0202011202　预绞式间隔棒安装

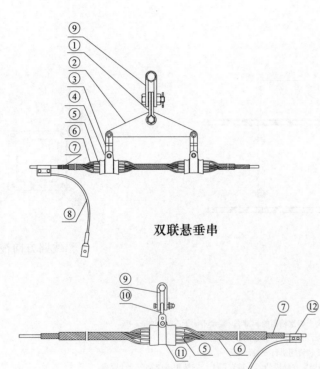

双联悬垂串

单联悬垂串

编号	名称
①	ZS 挂板
②	三角联板
③	PS 平行挂板
④	套壳
⑤	橡胶夹块
⑥	外绞丝
⑦	内绞丝
⑧	接地线
⑨	UB 挂板
⑩	延长拉杆
⑪	铸铝套壳组件
⑫	并沟线夹

说明　1. 金具串上的各种螺栓、穿钉，除有固定的穿向外，其余
　　　　穿向应统一，并应符合下列规定：
　　　(1) 单、双悬垂串上的螺栓及穿钉凡能顺线路方向穿入者
　　　　均按线路方向穿入，或由左向右穿入；
　　　(2) 当穿入方向与当地运行单位要求不一致时，可按运行
　　　　单位的要求，但应在开工前明确规定。
　　　2. 悬垂线夹安装后，悬垂串应垂直地平面。连续上、下山
　　　　坡处杆塔上的悬垂线夹的安装位置应符合设计规定。
　　　3. 接地引线安装位置要统一，接地引线应顺畅、美观。

0202011401　OPGW 悬垂串安装

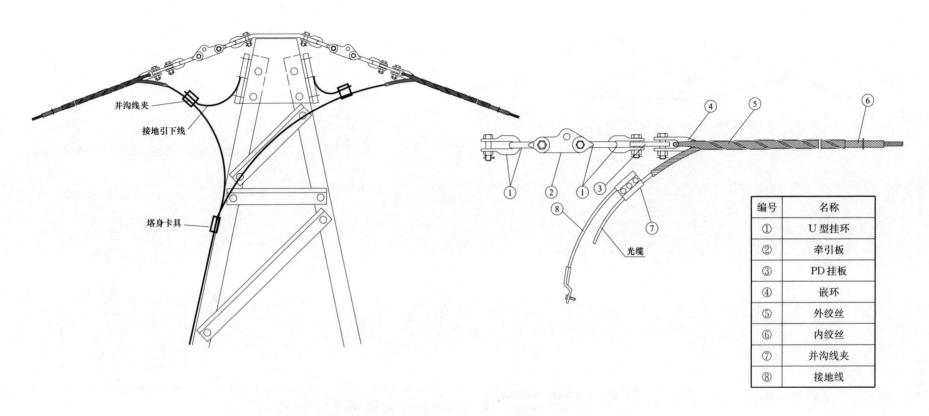

并沟线夹

接地引下线

塔身卡具

光缆

编号	名称
①	U型挂环
②	牵引板
③	PD挂板
④	嵌环
⑤	外绞丝
⑥	内绞丝
⑦	并沟线夹
⑧	接地线

说明：1. 采用预绞式耐张线夹。
2. 金具串上的各种螺栓、穿钉，除有固定的穿向外，其余穿向应统一，并应符合下列规定：
(1) 耐张串上的螺栓及穿钉均由上向下穿；或由内向外。
(2) 当穿入方向与当地运行单位要求不一致时，可按运行单位的要求，但应在开工前明确规定。
3. 接头引下线及接地引线应自然引出，引线自然顺畅，接地并沟线夹方向不得偏扭，螺栓紧固应达到扭矩要求。
4. OPGW耐张预绞丝重复使用不得超过两次。

0202011501　OPGW接头型耐张串安装

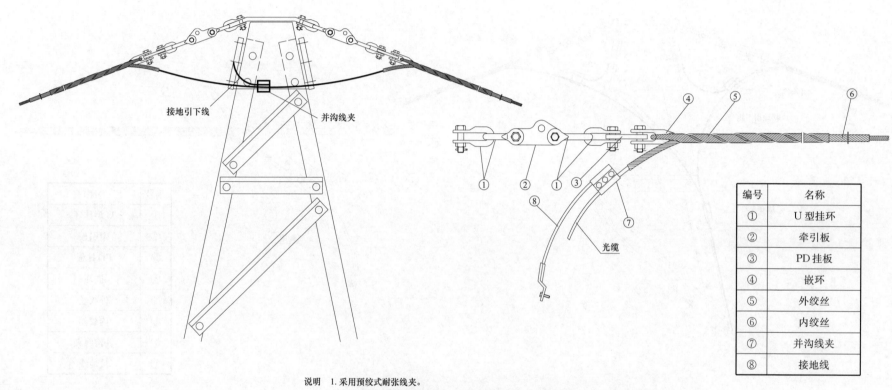

接地引下线

并沟线夹

光缆

编号	名称
①	U 型挂环
②	牵引板
③	PD 挂板
④	嵌环
⑤	外绞丝
⑥	内绞丝
⑦	并沟线夹
⑧	接地线

说明 1. 采用预绞式耐张线夹。

2. 金具串上的各种螺栓、穿钉，除有固定的穿向外，其余穿向应统一，并应符合下列规定：

(1) 耐张串上的螺栓及穿钉均由上向下穿；或由内向外。

(2) 当穿入方向与当地运行单位要求不一致时，可按运行单位的要求，但应在开工前明确规定。

3. OPGW引流线小弧垂应呈近似悬链状态，弧垂不宜太大。

4. 接地引下线全线安装位置要统一，引线自然、顺畅，接地并沟线夹方向不得偏扭，螺栓紧固应达到扭矩要求。

5. OPGW耐张预绞丝重复使用不得超过两次。

0202011502　OPGW 直通型耐张串安装

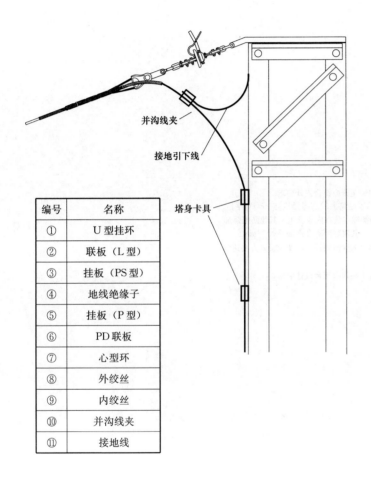

编号	名称
①	U 型挂环
②	联板（L 型）
③	挂板（PS 型）
④	地线绝缘子
⑤	挂板（P 型）
⑥	PD 联板
⑦	心型环
⑧	外绞丝
⑨	内绞丝
⑩	并沟线夹
⑪	接地线

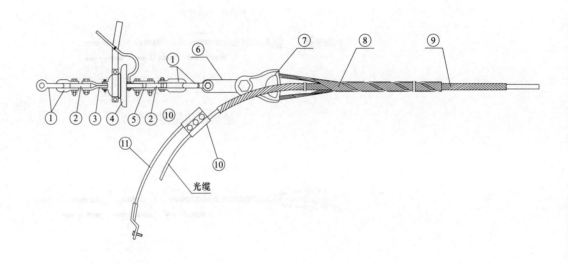

说明　1. 采用预绞式耐张线夹。
　　　2. 金具串上的各种螺栓、穿钉，除有固定的穿向外，其余穿向应统一，并应符合下列规定:
　　　(1) 耐张串上的螺栓及穿钉均由上向下穿；或由内向外。
　　　(2) 当穿入方向与当地运行单位要求不一致时，可按运行单位的要求，但应在开工前明确规定。
　　　3. OPGW引下线要自然、顺畅、美观。
　　　4. OPGW耐张预绞丝重复使用不得超过两次。

0202011503　OPGW 架构型耐张串安装

OPGW耐张串安装工程

0202011500

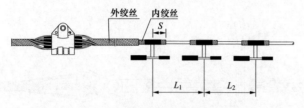

外绞丝　内绞丝

S

L_1　L_2

悬垂串防振锤安装

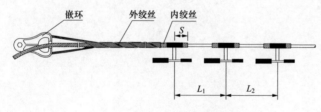

嵌环　外绞丝　内绞丝

S

L_1　L_2

耐张串防振锤安装

0202011601　OPGW 防振锤安装

说明　1. 防振锤安装距离应符合设计要求。
　　　2. 安装OPGW地线上的防振锤应与OPGW平行，
　　　　第一个防振锤安装在内绞丝上，其他防振锤加
　　　　装预绞丝，其安装距离允许偏差≤±24mm。
　　　3. 防振锤螺栓的穿向要统一，螺栓紧固力要达到
　　　　要求。
　　　4. 防振锤大小头朝向符合设计要求。

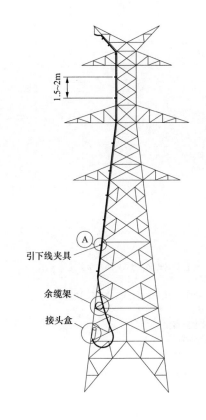

1.5~2m

引下线夹具

余缆架

接头盒

A

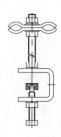

详图A:OPGW光缆引下线夹具

说明 1. 用引下线夹具固定OPGW引下线,控制其走向,OPGW的弯曲半径应不小于40倍光缆直径。
2. 安装时要保证OPGW顺直,耐张线夹OPGW引出端应自然、顺畅、美观。
3. 引下线夹具要自上而下安装,安装距离在1.5~2m范围之内。线夹固定在突出部位,不得使
余缆线与角铁发生摩擦碰撞。
4. 引线要自然顺畅,两固定线夹间的引线要拉紧。
5. 光缆引下线夹具的安装应保证光缆顺直、圆滑,不得有硬弯、折角。

0202011701 铁塔 OPGW 引下线安装

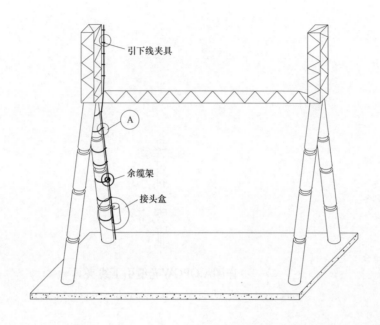

引下线夹具

Ⓐ

余缆架

接头盒

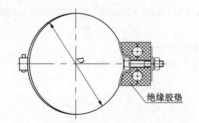

绝缘胶垫

详图A:OPGW光缆引下线夹具(架构用)

说明 1. 用引下线夹具固定OPGW沿架构引下, 控制其走向, OPGW的弯曲半径
       应不小于40倍光缆直径。
     2. 安装时要保证OPGW顺直, 耐张线夹OPGW引出端应自然、顺畅、美观。
     3. 采用绝缘夹具保证OPGW与架构绝缘。
     4. 引下线固定夹具要自上而下安装, 安装距离在1.5~2m。
     5. 引线应自然顺畅, 两线夹间的引线要拉紧。

0202011702 架构 OPGW 引下线安装

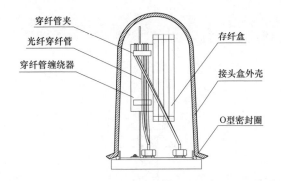

穿纤管夹
光纤穿纤管
穿纤管缠绕器
存纤盒
接头盒外壳
O型密封圈

说明 1. 光纤的熔接应由专业人员操作, 并应符合下列要求:
    (1) 剥离光纤的外层套管、骨架时不得损伤光纤;
    (2) 防止光纤接线盒内有潮气或水分进入, 安装接线盒时螺栓应紧固,
       橡皮封条必须安装到位;
    (3) 光纤熔接后应进行接头光纤衰减值测试, 不合格者应重接;
    (4) 雨天、大风、沙尘或空气湿度过大时不应熔接。
    2. 熔纤盘内接续光纤单端盘留量不少于500mm, 弯曲半径不小于30mm。
    3. 光纤要对色熔接, 排列整齐。光纤连接线用活扣扎带绑扎, 松紧适度。
    4. 接头盒内应采取防潮措施, 防水密封良好。

0202011801 光纤熔接和布线

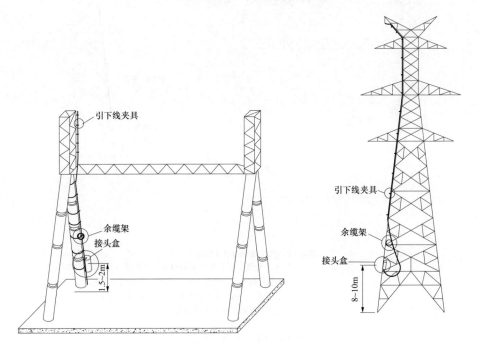

引下线夹具
余缆架
接头盒
1.5~2m

引下线夹具
余缆架
接头盒
8~10m

说明 1. OPGW接头盒安装在铁塔主材内侧, 安装高度宜8~10m, 全线安装位置要统一。
    站内龙门架线路终端接头盒安装高度为1.5~2m。
    2. 接头盒进出线要顺畅、圆滑, 弯曲半径应不小于40倍光缆直径。
    3. 安装位置应符合要求, 固定螺栓要紧固。

0202011802 接头盒安装

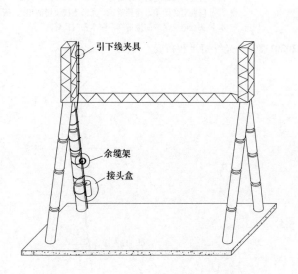

说明 1. 余缆紧密缠绕在余缆架上。
2. 余缆架用专用夹具固定在铁塔内侧的适当位置。
3. 余缆要按线的自然弯盘入余缆架，将余缆固定在
余缆架上，固定点不少于4处，余缆长度总量放至
地面后应有不少于5m的裕度。

0202011901 余缆架安装

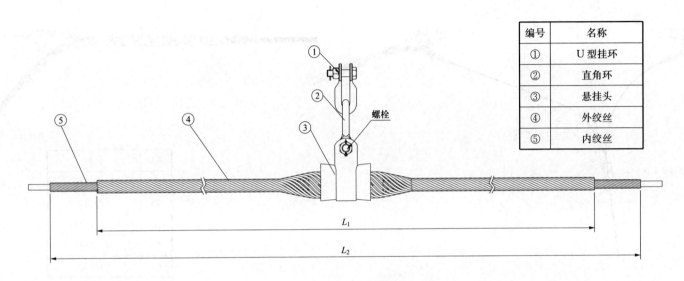

编号	名称
①	U 型挂环
②	直角环
③	悬挂头
④	外绞丝
⑤	内绞丝

垂直线路方向视图

说明　1. 悬垂串安装完毕后要垂直于地面，连续上、下山坡处杆塔上的悬垂线夹的安装位置应符合设计规定。
　　　2. 预绞丝的末端整齐，分布均匀，误差不大于8mm，同层预绞丝无重叠现象。
　　　3. 预绞丝缠绕完毕后应整齐美观，无缝隙和压股现象。内层预绞丝末端的光缆无划伤现象。
　　　4. 金具串上的各种螺栓、穿钉，除有固定的穿向外，其余穿向应统一，并应符合下列规定：
　　　(1) 悬垂串上的螺栓及穿钉凡能顺线路方向穿入者均按线路方向穿入，或由左向右穿入；
　　　(2) 当穿入方向与当地运行单位要求不一致时，可按运行单位的要求，但应在开工前明确规定。

0202012002　ADSS悬垂串安装

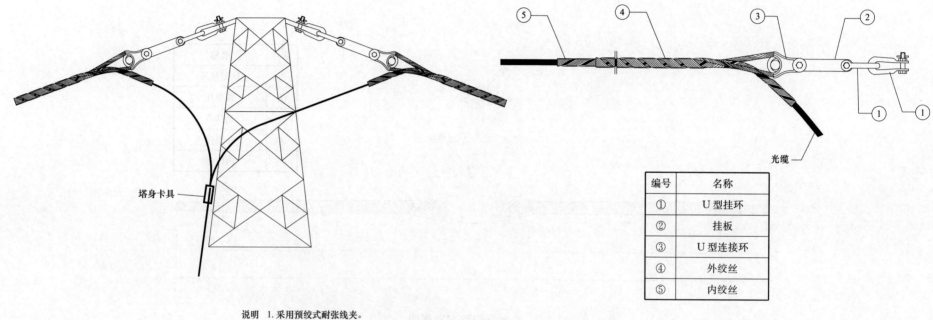

编号	名称
①	U 型挂环
②	挂板
③	U 型连接环
④	外绞丝
⑤	内绞丝

塔身卡具

光缆

说明　1. 采用预绞式耐张线夹。
　　　2. 金具串上的各种螺栓、穿钉，除有固定的穿向外，其余穿向应统一，并应符合下列规定：
　　　(1) 耐张串上的螺栓及穿钉均由上向下穿；或由内向外。
　　　(2) 当穿入方向与当地运行单位要求不一致时，可按运行单位的要求，但应在开工前明确规定。
　　　3. 光缆接头引下线要自然，顺畅、美观。
　　　4. 缠绕预绞丝时应保证两端整齐，并保持预绞丝形状。
　　　5. 内外预绞丝缠绕时，应注意对齐色标，尾缆出线自然弯曲。
　　　6. 安装时要留足接续长度，用于在地面接续。

0202012003　　ADSS 接头型耐张串安装

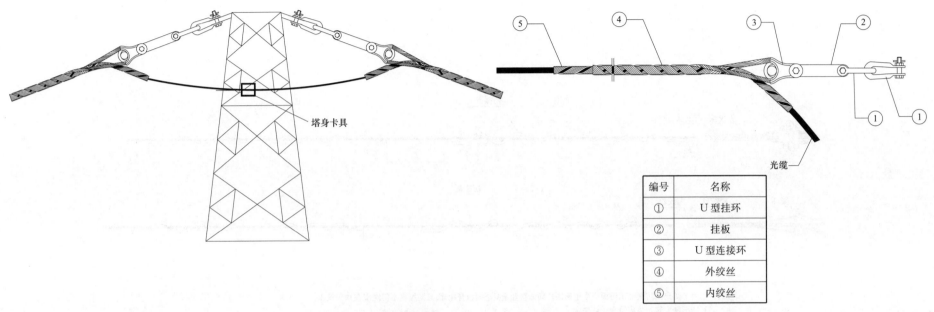

塔身卡具

光缆

编号	名称
①	U 型挂环
②	挂板
③	U 型连接环
④	外绞丝
⑤	内绞丝

说明　1. 采用预绞式耐张线夹。

2. 金具串上的各种螺栓、穿钉，除有固定的穿向外，其余穿向应统一，并应符合下列规定：

(1) 耐张串上的螺栓及穿钉均由上向下穿；或由内向外。

(2) 当穿入方向与当地运行单位要求不一致时，可按运行单位的要求，但应在开工前明确规定。

3. 光缆引下线应自然顺畅，呈近似悬链状态。

4. 光缆耐张预绞丝重复使用不得超过两次。

0202012004　ADSS 直通型耐张串安装

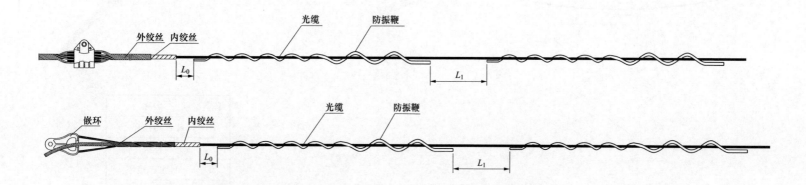

外绞丝　内绞丝　　　　　光缆　　防振鞭

L_0　　　　　L_1

嵌环　　外绞丝　内绞丝　　　　光缆　　防振鞭

L_0　　　　L_1

说明 1. 为了防止因防振鞭积污而产生电腐蚀，防振鞭和金具必须拉开距离，且防振鞭不得缠绕在预绞丝上。
　　　2. 防振鞭安装距离应符合设计要求。
　　　3. 两根防振鞭可以并绕。
　　　4. 需要高空安装时，应采用辅助设备，不允许在光缆上施加压力。

0202012005 ADSS 防振鞭安装

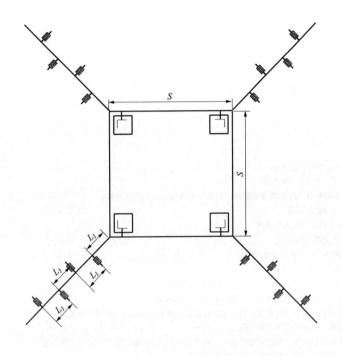

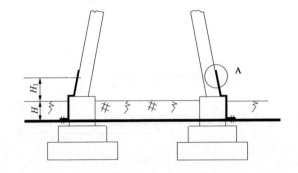

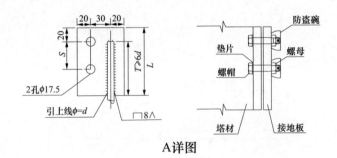

A详图

说明 1. 接地引下线材料、规格及连接方式要符合规定，要进行热镀锌处理。
　　 2. 接地引下线连板与杆塔的连接应接触良好，接地引下线应平敷于基础及保护帽表面。
　　 3. 接地引下线引出方位与杆塔接地孔位置相对应。接地引下线应平直、美观。
　　 4. 接地引下线与杆塔的连接应便于断开测量接地电阻。接地螺栓宜采用可拆卸的防盗螺栓。
　　 5. 铁塔接地引下线要紧贴塔材和基础及保护帽表面引下，引下线煨弯宜采用煨弯工具。应
　　　　避免在煨弯过程中引下线与基础及保护帽磕碰造成边角破损影响美观。
　　 6. 接地板与塔材应接触紧密。
　　 7. 孔间距S应与铁塔接地安装孔间距一致。T为焊缝长度，应不小于引下线直径的6倍。

0202020101　接地引下线安装

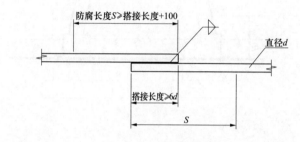

圆钢搭接

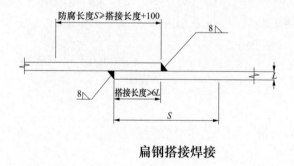

扁钢搭接焊接

说明 1. 接地体连接应符合下列规定:
　　(1) 连接前应清除连接部位的浮锈;
　　(2) 除设计规定的断开点可用螺栓连接外,其余应用焊接或液压方式连接;
　　(3) 接地体间连接必须可靠。
　　2. 水平接地体敷设宜满足下列规定:
　　(1) 遇倾斜地形宜等高线敷设。
　　(2) 两接地体间的平行距离不应小于5m。
　　(3) 接地体铺设应平直。
　　(4) 对无法满足上述要求的特殊地形,应与设计协商解决。
　　3. 垂直接地体打入深度应满足要求,应垂直打入,并防止晃动。
　　4. 接地体焊接部分应进行防腐处理,连接(焊接)部位外侧100mm范围内应做防腐处理。
　　5. 接地体的规格、埋深不应小于设计规定。
　　6. 接地体应采用搭接施焊,圆钢搭接长度应不小于直径的6倍并双面施焊;扁钢搭接长度应不小于宽度的2倍并四面施焊。焊缝要平滑饱满。
　　7. 圆钢采用液压连接时,其接续管的型号与规格应与所压圆钢匹配。接续管的壁厚不得小于3mm;长度不得小于:
　　(1) 搭接时圆钢直径的10倍;
　　(2) 对接时圆钢直径的20倍。

0202020102　接地体制作

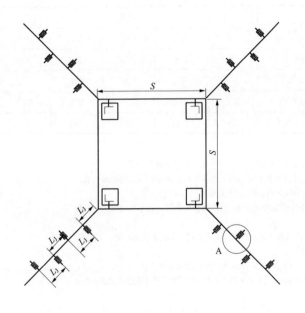

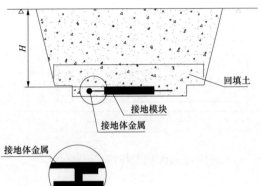

A详图

说明 1. 接地体及接地模块基坑开挖应选择在等高线上，避免在斜坡上，且相互间距不小于5m。
    2. 接地模块的埋设深度必须符合设计要求，埋深应以接地模块顶面算起，基坑开挖深度应考虑坑底垫腐蚀土和接地模块厚度要求。
    3. 接地模块与接地射线的连接可采用焊接、熔粉放热连接、螺栓连接、并沟线夹连接和套管压接等多种方式连接。
    4. 接地焊接部分应进行防腐处理。
    5. 接地模块基坑开挖，基坑深度应满足模块埋深要求，基坑宽度应考虑接地模块焊接和安装施工。
    6. 接地框及射线安装连接应牢固，埋深符合设计要求。
    7. 接地模块与接地框、接地线连接牢固，连接点应采取防腐措施。
    8. 与接地线和接地模块接触的回填土应采用导电性良好的细碎土并压实。

0202020103 接地模块安装

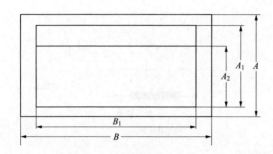

杆塔标志牌制图标准

杆塔标志牌的制图参数表　　　（mm）

电压	参数				
	B	B_1	A_1	A	A_2
10kV	320	300	260	240	170
35～110kV	400	370	320	290	190
220～500kV	500	470	400	370	245
750～1000kV	700	680	500	480	390

说明　1. 塔位牌的样式与规格，符合Q/GDW 434.2—2010《国家电网公司安全设施标准 第二部分：电力线路》的规定。

　　(1) 线路每基杆塔均应配置标志牌或涂刷标志，标明线路的名称、电压等级和杆塔号。新建线路杆塔号应与杆塔数量一致。若线路改建，改建线路段的杆塔号可采用"n+1"或"n-1"（n为改建前的杆塔编号）形式。

　　(2) 杆塔标志牌的基本形式一般为矩形，白底，红色黑体字，安装在杆塔的小号侧；特殊地形的杆塔，标志牌可悬挂在其他醒目方位上。

　　(3) 同杆塔架设的双(多)回路线路应在横担上设置鲜明的异色标志加以区分。各回路标志牌底色应与本回路色标一致，白色黑体字(黄底时为黑色黑体字)。色标颜色按照红黄绿蓝白紫排列使用。

　　(4) 同杆架设的双(多)回路标志应在每回路对应的小号侧安装，特殊情况可在回路对应的杆塔两面侧安装。

　　(5) 110kV及以上电压等级线路悬挂高度距地面5~12m、涂刷高度距地面3m；110kV及以下电压等级线路悬挂高度距地面3~5m、涂刷高度距地面3m。

　　2. 设备标志制图标准色：红色M100Y100，黑色K100，绿色C100Y100，黄色M20Y100，蓝色M50C100，紫色C50M50。

　　3. 安装在线路铁塔小号侧的醒目位置，安装位置尽量避开脚钉，距地面的高度对同一工程应统一安装位置。

　　4. 宜采用螺栓固定，牢固可靠。

0202030101　塔位牌安装

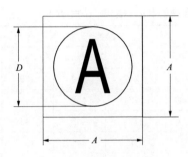

相位标志牌制图标准

相位标志牌的制图参数表 （mm）

电压	D	A
35～110kV	160	200
220～500kV	300	340
750～1000kV	460	500

说明 1. 相位标识牌的样式与规格，符合Q/GDW 434.2—2010《国家电网公司安全设施标准 第二部分：电力线路》的规定。

(1) 耐张塔杆塔、分支杆塔和换位杆塔前后各一基杆塔上，应有明显的相位标志。相位标志牌基本形式为圆形，标准颜色为黄色、绿色、红色。

(2) 设备标志制图标准色：红色M100Y100，黑色K100，绿色C100Y100，黄色M20Y100，蓝色M50C100，紫色C50M50。

2. 安装在导线挂点附近的醒目位置。

3. 采用螺栓固定，牢固可靠。

0202030201　相位标识牌安装

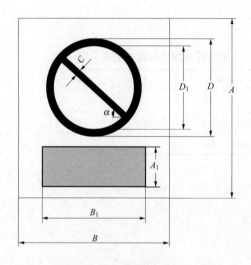

禁止标志牌的制图标准

禁止标志牌的制图参数表（α＝45°）　　　（mm）

种类	参数					
	A	B	A_1	$D(B_1)$	D_1	C
甲	900	720	207	549	439	45
乙	700	560	161	427	341	35
丙	500	400	115	305	244	24
丁	400	320	92	244	195	19
戊	300	240	69	183	146	14
己	200	160	46	122	98	10
庚	80	65	18	50	40	4

说明 1. 警示牌的样式与规格，符合 Q/GDW 434.2—2010《国家电网公司安全设施标准　第二部分：电力线路》的规定。

(1) 禁止标志牌的基本型式是一长方形衬底牌，上方是禁止标志(带斜杠的圆边框)，下方是文字辅助标志(矩形边框)。
　　图形上、中、下间隙，左、右间隙相等。

(2) 禁止标志牌的长方形衬底色为白色，带斜杠的圆边框为红色，标志符号为黑色，辅助标志为红底白字、黑体字，
　　字号根据标志牌尺寸、字数调整。

2. 警示牌距地面的高度对同一工程应统一安装位置。

3. 采用螺栓固定，牢固可靠。

4. 禁止标志牌的制图标准见图，参数见表，可根据现场情况采用甲、乙、丙、丁、戊、己或庚规格。

0202030301　警示牌安装

0202030400

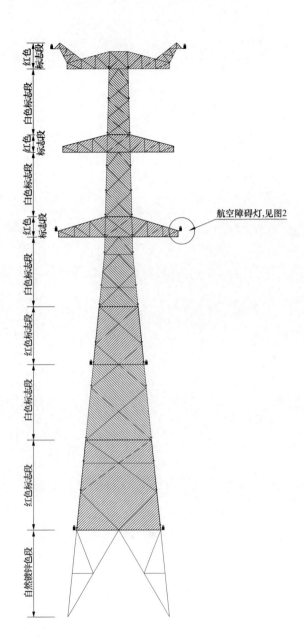

红色标志段
白色标志段
红色标志段
白色标志段
红色标志段
白色标志段
红色标志段
白色标志段
红色标志段
白色标志段
红色标志段
自然镀锌色段

航空障碍灯,见图2

图1 航空灯安装示意图

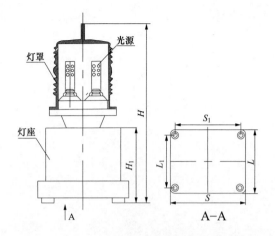

灯罩

光源

灯座

H

H_1

S_1

L_1

L

S

A

A—A

图2 航空障碍灯结构尺寸图

说明 1. 高塔航空标志包含航空障碍灯和警航漆。
    2. 航空障碍灯的型式及安装位置应符合中国民航总局颁布的MH5001—2006《民用机场飞行区技术标准》、国际民航组织颁发的《国际标准和建设措施——机场》附件十四等有关标准以及MH/T 6012—1999《航空障碍灯》。
    3. 警航漆喷涂于铁塔构件热浸镀锌层的外表面，喷涂前镀锌层表面必须干净、完整、无损伤；喷涂施工应采用高压无气喷涂方法施工，涂层采用无机富锌底一道，丙烯酸航空标志涂料面漆两道，底漆的干燥厚度为60±5mm，面漆的干燥厚度为(50±5)μm。在去脂和干燥时，锌层不应受到损坏。涂层应能经受10年以上而不损坏。
    4. 图2中航空灯的结构尺寸按工程实际订货情况确定。

0202030401 高塔航空标识安装

第3篇

电缆线路工程

总　说　明

1　编制依据

GB 50010—2010《混凝土结构设计规范》

GB 50011—2010《建筑抗震设计规范》

GB 50068—2001《建筑结构可靠度设计统一标准》

GB 50108—2008《地下工程防水技术规范》

GB 50168—2006《电气装置安装工程电缆线路施工及验收规范》

GB 50169—2006《接地装置施工及验收规范》

GB 50217—2007《电力工程电缆设计规范》

GB 50223—2008《建筑工程抗震设防分类标准》

GB 50260—2013《电力设施抗震设计规范》

GB/T 50476—2008《混凝土结构耐久性设计规范》

DL/T 401—2002《高压电缆选用导则》

DL/T 5221—2005《城市电力电缆线路设计技术规定》

Q/GDW 02 1 3101—2010《电力隧道建设技术标准》

《国家电网公司输变电工程标准工艺（三）　工艺标准库（2012 年版）》

其他相关现行国家标准、规程规范

2　适用范围

2.1　本图集可供设计、施工、监理、质量监督及验收单位相关人员使用。

2.2　本图集适用于非抗震及抗震设防烈度不大于 8 度地区的电缆工程。

2.3　本图集适用于排管工程和明开电缆沟（电缆隧道）工程。

2.4　混凝土构件的环境类别与作用等级为 I - C。

2.5　当用于湿陷性黄土、膨胀性土、冻土、液化土、软弱土及有腐蚀性等特殊环境地区时，应执行有关规程规范的规定或专门研究处理。

3　工程材料

3.1　混凝土：素混凝土强度等级不应低于 C15，钢筋混凝土的混凝土强度等级不应低于 C20。迎水面土体结构应采用防水混凝土，埋深<10m 时抗渗等级 P6、10m≤埋深<20m 时抗渗等级 P8。

3.2　钢筋：Φ为 HPB300、Φ为 HRB335。

3.3　钢材：Q235 - B 级钢。

3.4　排管管材：海泡石管、玻璃钢管、热浸塑钢管、PVC、M - PP 等通过国家相关技术部门检测可以用于电力排管的各种材质的管材。

4　尺寸单位

本图集中除注明外所注尺寸均以 mm 计。

5　设计、工艺说明

本图集仅提供一般常用的构造详图，未涉及的做法可选用各自的国标图集中相关做法。使用本图集时，尚应按照国家颁布的有关规范和规程的规定执行。

5.1　直埋电缆沟槽开挖

了解电缆所经地区的管线或障碍物的情况，并在适当位置进行样沟的开挖，开挖深度应大于电缆埋设深度。

自地面至电缆上面外皮的距离，不小于 0.7m，穿越道路和耕地不宜小于 1m，穿越城市交通道路和铁路路轨时，应满足设计规范要求并采取保护措施，直埋于冻土区域时，电缆宜敷设于冻土层之下，或采取其他保护电缆不受损伤的特殊措施。

直埋电缆上的上方应覆盖混过凝土保护板，宽度不小于电缆两侧各 50mm。

宜在保护板上方铺设醒目的警示带。

5.2　电缆穿管敷设

电缆敷设时，电缆所受的牵引力、侧压力和弯曲半径应根据不同电缆的要求控制在允许范围内。

在电缆牵引头、电缆盘、牵引机、过路管口、转弯处以及可能造成电缆损伤的地方应采取保护措施。

110kV 及以上电缆敷设时，转弯处的侧压力应符合制造厂规定，无规定时不应大于 3kN/m。

5.3　电缆隧道/电缆沟敷设

电缆应排列整齐，走向合理，不宜交叉。电缆敷设时，电缆所受的牵引力、侧压力和弯曲半径应符合 GB 50168—2006《电气装置安装工程电缆线路施工及验收规范》的规定。

隧道内及较长的电缆沟内的大截面电缆应采用蛇形敷设，隧道内宜结合接头区和空间结构合理选择水平或垂直蛇形。

进行电缆接头规划时应对每段电缆敷设时的牵引力、侧压力进行核算。

在电缆牵引头、电缆盘、牵引机、过路管口、转弯处以及可能造成电缆损伤的地方应采取可靠的保护措施。

5.4　站内电缆层敷设

电缆应排列整齐，走向合理，尽量避免交叉。如难以避免，应充分利用空间资源，在终端下方交叉。电缆敷设时，电缆所受的牵引力、侧压力和弯曲半径应符合相关规范的规定。

不应在电缆层设置中间接头。

5.5　电缆刚性固定

两个相邻夹具间的电缆受自重、热胀冷缩所产生的轴向推力作用或电动力作用后，不能发生任何弯曲变形。

固定金具的数量需经过核算和验证，相邻夹具的间距 L、蛇形的波幅应符合设计规程要求。

5.6　电缆挠性固定

电缆在受热膨胀时产生的位移，对电缆的金属护套不致产生过大的应变而缩短寿命。

5.7　电缆蛇形布置

大截面电缆在较长的电缆沟或隧道敷设时应采用蛇形布置，即在每个蛇形弧的顶部把电缆固定在支架上，靠近接头部位用夹具刚性固定。

三相品字垂直蛇形布置时，除在每个蛇形弧的顶部把电缆于支架上外，还应根据电动力核算情况增加必要的绑扎带绑扎。

根据通道空间资源，合理选择水平蛇形或垂直蛇形。

电缆进行蛇形敷设时，必须按照设计规定的蛇形节距和幅度进行电缆固定。

在坡度大于 10% 的斜坡隧道内，把电缆直接放在支架时，应在每个弧顶部分和靠近接头部位用夹具把电缆固定于支架上，以防电缆热伸缩时位移。

5.8　电缆登杆/引上敷设

电缆登杆（塔）应设置电缆终端支架（或平台）、避雷器、接地箱及接地引下线。终端支架的定位尺寸应满足各相导体对接地部分和相间距离、带电检修的安全距离。

电缆敷设时最小弯曲半径应符合规定。

单芯电缆应采用非磁性材料制成的夹具。

登杆（塔）电缆固定夹具间距 35kV 及以下不宜大于 1.5m，35kV 以上不宜大于 3.0m。

5.9　电缆保护管安装

在电缆登杆（塔）处，凡露出地面部分的电缆应套入具有一定机械强度的保护管加以保护。

露出地面的保护管总长不宜小于 2.5m，埋入非混凝土地面的深度不应小于 100mm。

单芯电缆应采用非磁性材料制成的保护管。

保护管埋地部分应满足电缆弯曲半径的要求。

护管上口宜进行密封处理，保护管应做好防盗措施。

5.10　水底电缆接缆运输

一般规格的水底电缆采用垂直盘绕方式储存在特制电缆盘上。大长度水底电缆采用水平圈绕方式储运，配备特制缆圈和退扭架，圈绕半径、侧压力、退扭方式、退扭高度等技术参数严格按照厂方要求进行控制。

接缆前厂方应提供水底电缆规格和长度、出厂试验数据、软接头位置和标记方式，以及装船方式和相关参数、照片等信息，以便妥善安排接缆事宜。

接缆交接时应由订货方、施工方与厂方共同见证，并进行必要的交接试验，核对电缆规格和交货长度，确定和标记软接头位置。

5.11 水底电缆登陆敷设

按照经事先批准的过堤方式做好两登陆端沟槽开挖和孔洞施工，并采取措施确保整个施工期间的防台防汛工作。

利用高潮位时段采用漂浮法和机械牵引相结合方式选择长滩涂端进行始端登陆，登陆施工中应采取必要措施保护水底电缆不受损伤。

利用高潮位时段采用漂浮法和机械牵引相结合方式进行末端登陆。末端登陆应选择尽可能接近登陆点的位置，将施工船可靠固定后，在适当的气象条件下将水底电缆按照实际需要的长度切断封端，绑扎浮球后以 Ω 形漂浮在水面上，然后在漂浮状态下牵引至登陆点。

登陆施工应采取必要措施保护水底电缆弯曲半径符合要求、铠装不打扭、外护层不受损伤，并应密切注意气象情况，避免船只发生不可控移位而导致水底电缆损伤。

登陆施工应确保按照设计路由和埋深施工，施工完成后应邀请海堤和滩涂主管部门参与验收。

5.12 水底电缆水底敷设

水中敷设施工应选择合适的气象条件，提前向海事部门办理水上施工许可并采取必要的航行通告或通航管制措施。

选择适合的施工船及敷设机具。

完成详细路由探测和扫海工作，用驳船进行敷设施工时应做到定位精确、锚固可靠，满足水中敷设要求。

水底电缆敷设位置应采用 GPS 坐标进行实时精确记录，并随时调整船位以确保按照设计路由敷设，电缆软接头位置应详细记录并标记在水底电缆敷设资料上。

水底电缆敷设过程中应保持合适的敷设速度，采取措施确保其入水角度

在合适范围，以免电缆承受张力过大。

水底电缆敷设完成后，应测试导体电阻、绝缘电阻、光纤衰减、电缆长度等相关重要参数，以验证电缆在施工中是否受损。

5.13 交联电缆中间接头安装（35kV 及以下）

中间接头如布置在支架上，则接头支架的结构型式应与接头相匹配，与所安装的地点和环境相适应。电缆线芯连接金具，应采用符合标准的连接管和接线端子，其内径应与电缆线芯紧密配合，间隙不应过大。

铜屏蔽连接需符合工艺、规范要求。

电缆接头前，对电缆进行校潮；检查附件规格与电缆规格是否一致。

直埋电缆接头应有防止机械损伤的保护结构或外设保护盒。

5.14 交联电缆终端头安装（35kV 及以下）

终端的结构型式与电缆所连接的电气设备的特点必须相适应，设备终端和 GIS 终端应具有符合要求的接口装置，其连接金具必须相互配合。

接地线（网）连接应满足电气要求。

电缆终端接头前，对电缆进行校潮。

检查附件规格与电缆规格是否一致。

户外终端应使用专用定位支架。

5.15 交联电缆中间接头安装（110kV 及以上）

中间接头如布置在支架上，则接头支架的结构型式应与接头相匹配，与所安装的地点和环境相适应。

必须采用专用接地端子与接地线（网）连接。

接地线（网）连接应满足接地电阻、绝缘强度、波阻抗等电气要求。

安装接头前，应检查电缆并符合下列要求：① 电缆状况良好，无受潮。电缆绝缘偏心度满足标准要求。② 电缆相位正确，外护套耐压试验合格。

检查附件规格尺寸与电缆规格及支架尺寸相一致。检查确认接头两侧电缆的相位一致，按照工艺要求对电缆进行校潮。

直埋式接头应安装保护盒，防止外力破坏。

5.16 交联电缆终端安装（110kV 及以上）

终端的结构型式与电缆所连接的电气设备的特点必须相适应，设备终端和 GIS 终端应具有符合要求的接口装置，其连接金具必须相互配合。

终端金属尾管必须采用专用接地端子与接地线（网）连接。

接地线（网）连接应满足接地电阻、绝缘强度等电气要求。

安装接头前，应检查电缆并符合下列要求：电缆状况良好，无受潮；电缆绝缘偏心度满足标准要求；电缆相位正确，外护套耐压试验合格。

按照工艺文件要求，检查附件尺寸及支架尺寸是否对应。终端安装前检查确认电缆与所连接设备的相位一致。

如遇 GIS 开关电缆仓与地面间距较小时，应采取措施避免 GIS 终端尾管的接地端子被封住。

5.17　接地箱、交叉互联箱

金属护套的绝缘应完整良好，金属护套与保护器之间连接线不得采用裸导线，一般采用同轴电缆，安装孔尺寸符合设计要求。

同轴电缆绝缘等级需与相应电缆外护层绝缘耐压相适应。

同轴电缆截面 $300mm^2$ 及以上时接线端子应采用双眼螺栓固定。

室外放置的接地箱、交叉互联箱应采用高于地面的底座固定，并做好必要的防盗措施。

接地箱、交叉互联箱的箱体必须有接线图和铭牌，箱体采用非磁性材料，金属箱体应接地。

5.18　排管

排管所需孔数除按电缆规划敷设电缆根数外，还应考虑光缆通信、电缆回流线通道。本图集不单独考虑通信管孔和回流线管孔。

管材的内径不宜小于电缆外径或多根电缆包络外径的 1.5 倍，且不宜小于 150mm。

管材内部应光滑无毛刺，管口应无毛刺和尖锐棱角。敷设电缆前应对已建成段落的排管进行检查、试通。

5.19　拉管

设计时应查明管道拟穿越地段的建筑基础、地下障碍物及各类管线的平面位置和走向、类型名称、埋设深度、材料和尺寸等，其中包括已建和市政规划要求。

地面始钻式，入、出土角一般为 6°～20°；坑内始钻式，入、出土角一般为 0°。入土段和出土段钻孔应是直线的，不应有垂直弯曲和水平弯曲，这两段直线钻孔的长度不宜小于 10m。

5.20　电缆沟（电缆隧道）

电缆沟（电缆隧道）隧道的内部有效断面尺寸（净空）应根据其内规划敷设的电缆电压等级、截面、数量来确定，还应考虑光缆通信、电缆回流线通道。

电缆隧道内最小允许通行宽度不应小于 1m。沿隧道通常宜设置 500mm 宽、高 100mm 的人行步道，隧道坡度大于 15％时宜设置防滑设施。

本图集砖砌电缆沟按无地下水情况设计，有地下水情况应选用钢筋混凝土电缆隧道，并根据防水等级的要求采取必要的防水措施。无地下水是指地下水位在沟底板以下 0.2m。

5.21　排管工作井

排管宜直线敷设，50～80m 设置一座直线井；转弯处应设置转弯井。根据规划需求，应在规划路口、线路交叉地段，合理设置三通井、四通井等构筑物进行接口预留、线路交叉。工作井应设置可供人员出入的井腔和集水坑。

电缆沟（电缆隧道）宜 100m 左右设置一座直线井。根据规划需求，应在规划路口、线路交叉地段，合理设置三通井、四通井等构筑物进行接口预留、线路交叉。电缆隧道井室内顶应高于隧道内顶 0.4m，并应预埋电缆吊架，在最大容量电缆敷设后各个方向通行高度不低于 1.5m。

工作井应设置可供人员出入的井腔和集水坑。

5.22　附属设施

（1）照明系统。电力隧道内照明灯具应选用防潮防爆节能灯。照明灯具在隧道内应采取吸顶安装，安装金具应耐久稳定。隧道及工作井内的平均照度不小于 20lx；最小照度不小于 5lx。在隧道内灯具应采用分段控制。

（2）隧道通风设计。本图集设计采用自然进排风，对于通风口设置间距应与实际情况经计算后确定。必要时可采用机械通风形式。地面风亭位置应避开机动车、非机动车道。宜将风亭放置在绿化带中，并与周围环境相协调。

（3）隧道排水设计。本图集设计采用自然排水设计，电力隧道坡度不应小于 0.5％，最低点应设置工作井，工作井的底板应设置集水坑。必要时可采用机械排水形式。

（4）接地装置。排管和隧道内应设置接地装置。支架上方设置通长接地扁铁将支架与接地极良好连接。

（5）电缆支架。电缆支架沿隧道侧墙布置，立铁垂直于隧道底板安装，纵向应平顺，各支架的同层横挡应在同一水平面上。电缆支架材质以普通钢材为主。

5.23　其他

（1）电力沟（电缆隧道）转弯处应满足电缆弯曲半径要求，转角不宜小于90°。

（2）排管井室和电力沟（电缆隧道）内电缆支架、爬架、拉力环、爬梯、工作平台、护栏、算子、接地极、地线等钢构件均应采用预制标准件，并进行热浸锌等防腐处理。

（3）井腔设置在绿化带内时，出口处高度应高于绿化带地面不小于300mm。工作井井盖等地面设施应与道路景观相协调，宜不影响道路路牙的直线安装。

（4）工作井井室中应设置安全警示标识标牌。

（5）井盖须采取必要的防盗措施。

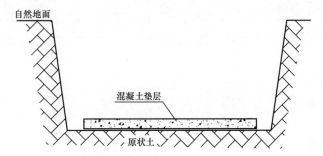

说明　1. 垫层混凝土强度不低于C15。
　　　2. 槽底原状土应夯实，并保证地基平坦。当地基承载力不满足要求时，应采取相应的地基处理措施。
　　　3. 此图也适用于排管工作井和电缆隧道垫层。

0301010201　垫层

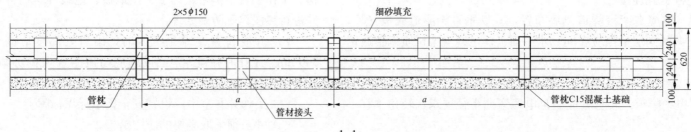

1—1

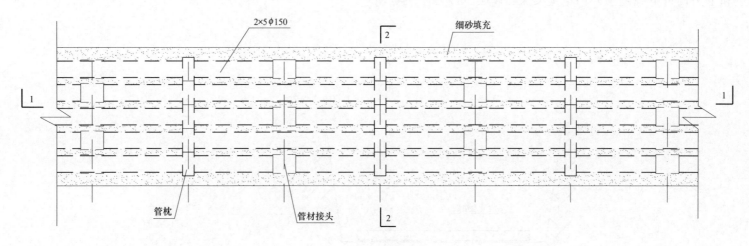

平面图

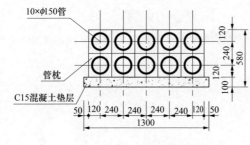

2×5φ150断面图

2—2

说明 1. 管材可选用增强改性聚丙烯波纹管、热浸塑钢管、玻璃钢管、CPV-C、维纶水泥管、M-PP等通过国家相关技术部门检测可以用于电力排管的各种材质的管材。

2. 地基承载力的要求：槽底为原状土时，素土夯实，地基平坦。槽底为回填土或松软时，管枕部位浇筑100mm厚C15混凝土。槽底为暗河时应先挖出淤泥换土，在管枕下铺设一层200mm的钢筋混凝土。

3. 电缆管接头应错开布置，并连接牢固，两管口对齐，密封良好，不能渗漏。

4. 本图中为2×5φ150案例，其他埋管断面可参照本案例。

5. 本图适用于上部荷载小的地段(如人行步道、绿地等)，若上部荷载较大(如机动车道、小区道路等)可采用混凝土包封的形式。

0301010202　高强度管的敷设（混凝土不包封）

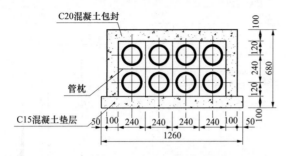

2×4φ150断面图

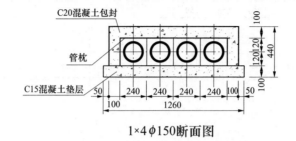

1×4φ150断面图

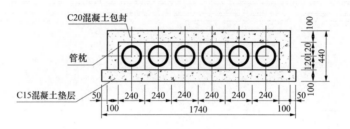

1×6φ150断面图

2×5φ150断面图

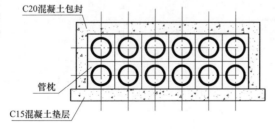

2×6φ150断面图

说明　1. 管材可选用增强改性聚丙烯波纹管、热浸塑钢管、玻璃钢管、CPV-C、维纶水泥管、M-PP等通过国家相关技术部门检测可以用于电力排管的各种材质的管材。
　　　2. 地基承载力的要求：槽底为原状土时，素土夯实，地基平坦。槽底为回填土或松软时，管枕部位浇筑100mm厚C15混凝土。槽底为暗河时应先挖出淤泥换土，在管枕下铺设一层200mm的钢筋混凝土。
　　　3. 电缆管接头应错开布置，并连接牢固，两管口对齐，密封良好，不能渗漏。
　　　4. 埋管肥槽回填细土分层夯实，要求回填密实度>95%。
　　　5. 本图为混凝土包封断面，当地面荷载过大时，可按实际情况设置钢筋。

0301010203　排管支模及钢筋绑扎

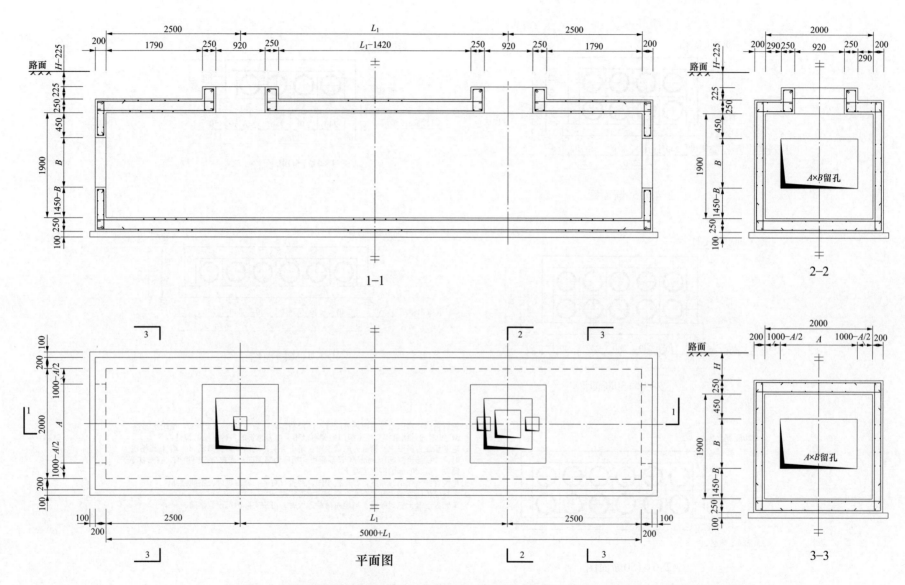

1—1

2—2

平面图

3—3

说明 1. 工作井主体结构应采用防水混凝土，并应根据防水等级的要求采取其他防水措施，当埋深小于10m时混凝土抗渗等级为P6。
    2. 主体结构混凝土材料和钢筋保护层厚度应根据结构的耐久性和工程环境选用，且迎水面钢筋保护层厚度不应小于50。
    3. 图中所示钢筋仅为示意，其配筋由设计人员根据工程具体情况确定。

0301010305 排管直线井

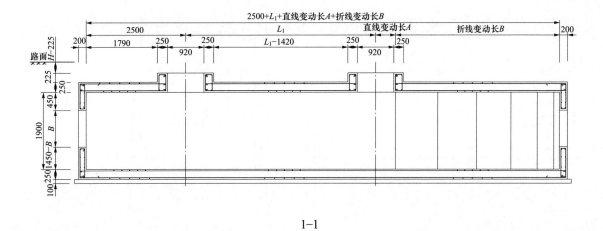

1–1

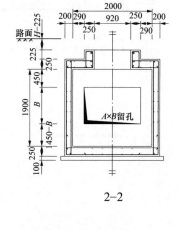

2–2

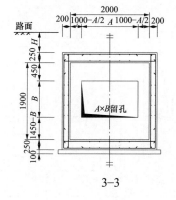

3–3

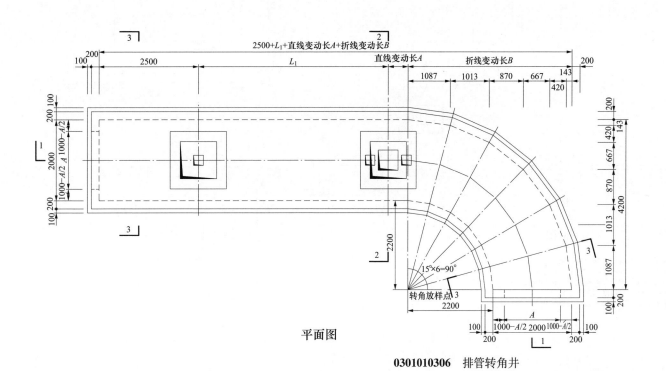

平面图

0301010306　排管转角井

说明　1. 工作井主体结构应采用防水混凝土,并应根据
　　　　　防水等级的要求采取其他防水措施,当埋深小
　　　　　于10m时混凝土抗渗等级为P6。
　　　　2. 主体结构混凝土材料和钢筋保护层厚度应根据
　　　　　结构的耐久性和工程环境选用,且迎水面钢筋
　　　　　保护层厚度不应小于50。
　　　　3. 图中所示钢筋仅为示意,其配筋由设计人员根
　　　　　据工程具体情况确定。

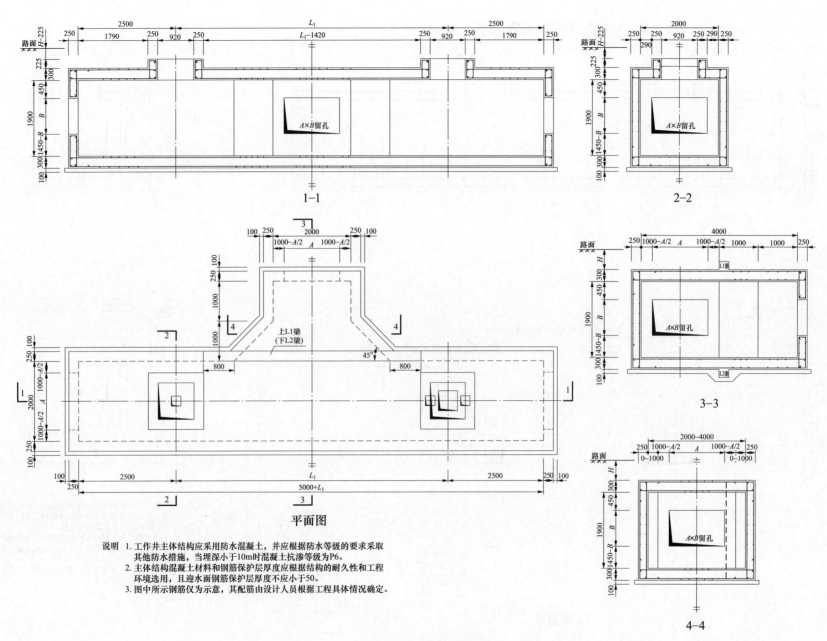

1—1

2—2

3—3

4—4

平面图

说明 1. 工作井主体结构应采用防水混凝土，并应根据防水等级的要求采取
       其他防水措施，当埋深小于10m时混凝土抗渗等级为P6。
    2. 主体结构混凝土材料和钢筋保护层厚度应根据结构的耐久性和工程
       环境选用，且迎水面钢筋保护层厚度不应小于50。
    3. 图中所示钢筋仅为示意，其配筋由设计人员根据工程具体情况确定。

0301010307   排管三通井

排管工作井

0301010300

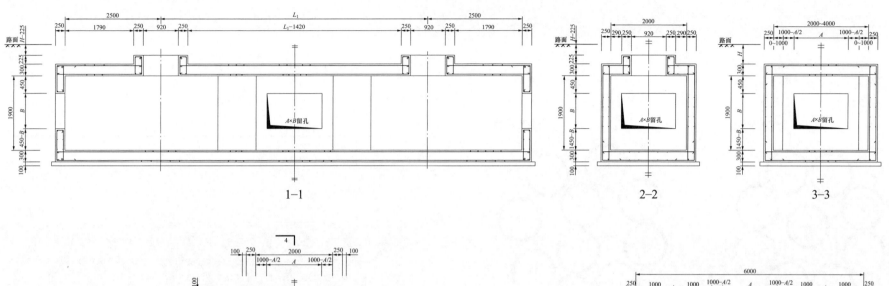

1-1

2-2

3-3

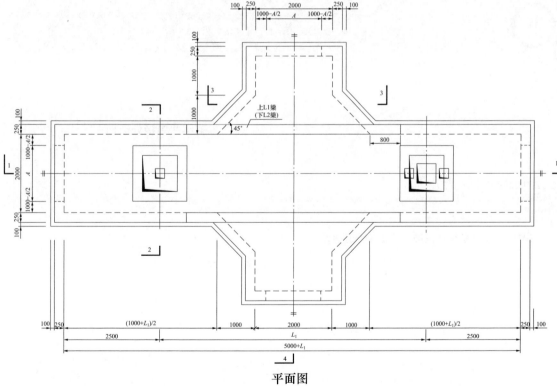

平面图

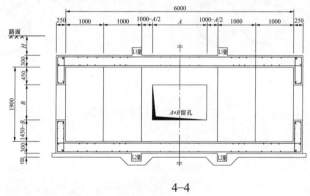

4-4

说明 1. 工作井主体结构应采用防水混凝土，并应根据防水等级的要求采取其他防水措施，当埋深小于10m时混凝土抗渗等级为P6。
2. 主体结构混凝土材料和钢筋保护层厚度应根据结构的耐久性和工程环境选用，且迎水面钢筋保护层厚度不应小于50。
3. 图中所示钢筋仅为示意，其配筋由设计人员根据工程具体情况确定。

0301010308　排管四通井

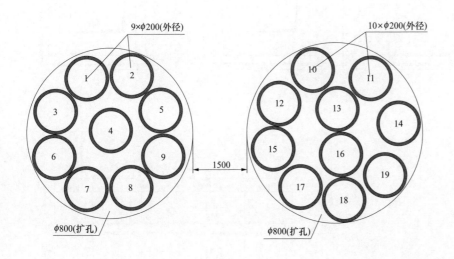

拉管断面图

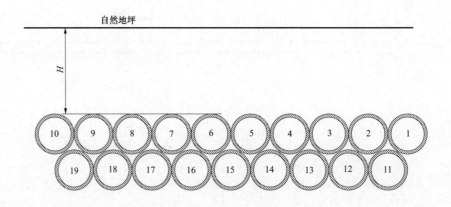

与工作井相接处断面

说明　1. 拉管两端各留10m左右接进工作井，将拉管圆形断面转变为直埋段，排列变为双排19孔。
　　　2. 每孔非开挖拉管应全线连接后一次性铺管，管材应采取防绕措施。
　　　3. 本图中为双排19孔拉管案例，其他拉管断面可参照本案例。

0301020102　非开挖拉管钻进、扩孔和管道铺设

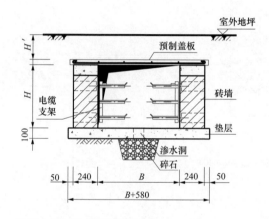

说明 1.电缆支架应做刷锌防腐处理。

　　2.B=电缆沟净宽,H=电缆沟净高,a=隧道结构厚度,H′=顶板埋深。

　　3.顶板埋深不应小于700mm。

0301030202　砖砌电缆沟砌筑与抹面、压顶

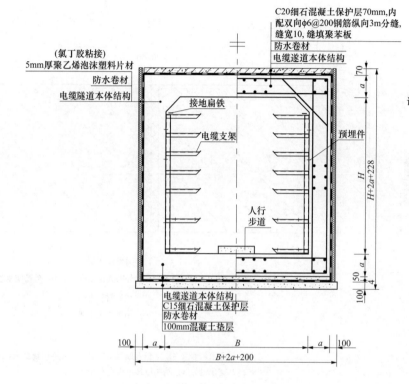

C20细石混凝土保护层70mm,内配双向φ6@200钢筋纵向3m分缝,缝宽10,缝填聚苯板

防水卷材

电缆遂道本体结构

(氯丁胶粘接)

5mm厚聚乙烯泡沫塑料片材

防水卷材

电缆隧道本体结构

接地扁铁

电缆支架

预埋件

人行步道

电缆遂道本体结构

C15细石混凝土保护层

防水卷材

100mm混凝土垫层

说明 1.B=隧道净宽,H=隧道净高,a=隧道结构厚度。

　　2.隧道筑成回填时,墙体两侧要同时进行,高差不超过500,且密实度不小于95%。

　　3.电缆支架的固定可采用预埋螺栓、预埋螺母及预埋件等形式。

　　4.接地线沿隧道通长设置,其扁铁搭焊长度要求100,焊后涂防锈漆。

　　5.电缆隧道主体结构应采用防水混凝土,并应根据防水等级的要求采取其他防水措施,本图为采用外贴防水卷材的做法。当隧道埋深小于10m时混凝土抗渗等级为P6。

　　6.主体结构混凝土材料和钢筋保护层厚度应根据结构的耐久性和工程环境选用,且迎水面钢筋保护层厚度不应小于50。

　　7.主体结构的结构厚度和钢筋由设计人员根据工程具体情况确定,混凝土材料和钢筋保护层厚度应根据结构的耐久性和工程环境选用。

　　8.电缆支架最上层、最下层布置尺寸应符合GB 50217—2007《电力工程电缆设计规范》的要求。

0301030203　混凝土电缆沟（电缆隧道）支模及钢筋绑扎

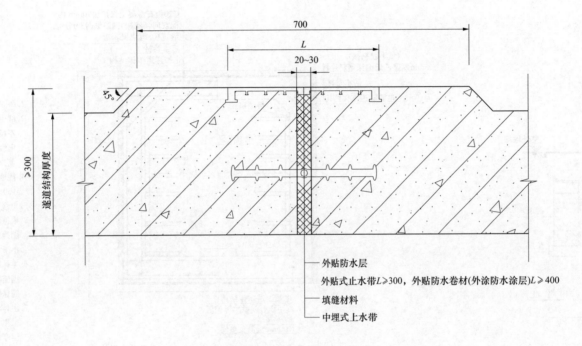

700

L

20~30

≥300

隧道结构厚度

45°

——外贴防水层

——外贴式止水带*L*≥300，外贴防水卷材(外涂防水涂层)*L*≥400

——填缝材料

——中埋式上水带

说明　1. 止水带要求在厂家黏合成封闭环形，不允许现场黏合。
　　　2. 变形缝处隧道结构厚度不应小于300mm。
　　　3. 变形缝处配筋同正常段隧道。
　　　4. 外贴防水层的选用应根据开挖方式和防水等级确定。

0301030205　伸缩缝、施工缝设置及防水处理

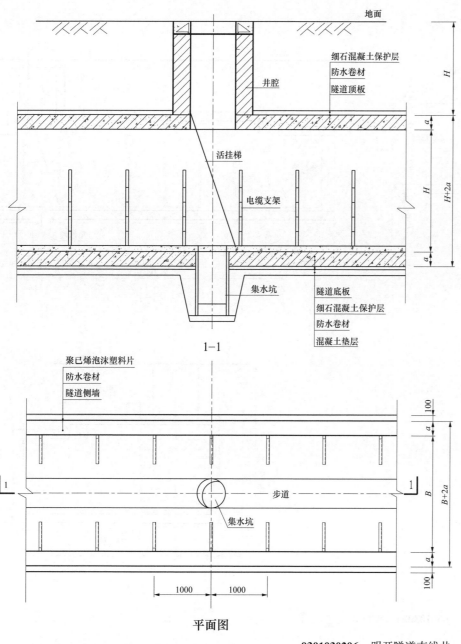

地面

细石混凝土保护层
防水卷材
隧道顶板

井腔

H'

活挂梯

a

电缆支架

H

$H+2a$

a

集水坑

隧道底板
细石混凝土保护层
防水卷材
混凝土垫层

1—1

聚已烯泡沫塑料片
防水卷材
隧道侧墙

100

a

步道

B

$B+2a$

集水坑

a

100

1000　1000

平面图

说明 1. B=隧道净宽，H=隧道净高，a=隧道结构厚度，H'=井室顶板埋深。

　　　2. 人孔，集水坑做法另见详图。

　　　3. 所有外露铁件均需热浸锌处理。

0301030206　明开隧道直线井

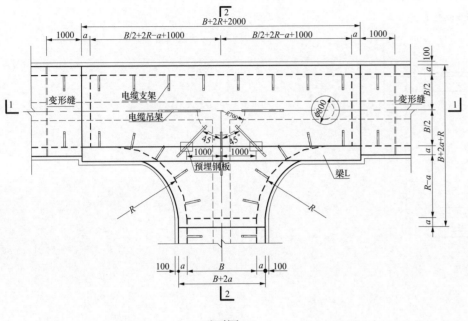

平面图

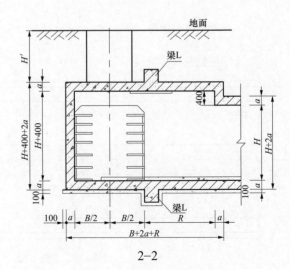

1-1

2-2

说明　1. B=隧道净宽，H=隧道净高，a=隧道结构厚度。
　　　　R=隧道转弯半径，H′=井室顶板埋深。
　　2. 井室外端1.0m设置变形缝。
　　3. 所有外露铁件均需热浸锌处理。
　　4. 井室范围内井室高度抬高0.4m。
　　5. 井室防水做法同隧道。

0301030207　明开隧道三通井

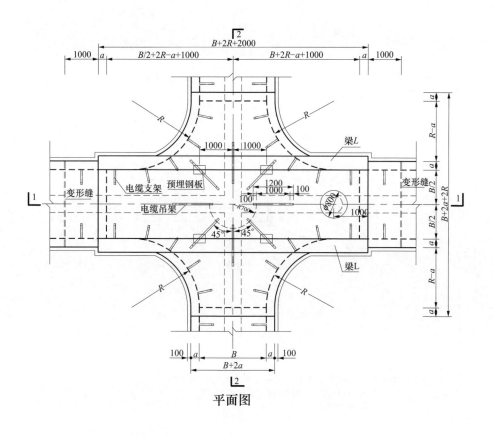

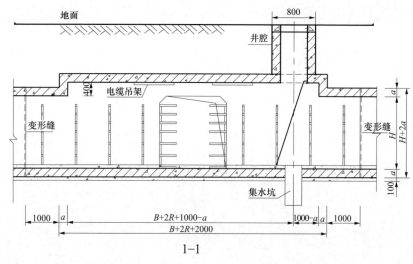

平面图

1—1

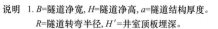

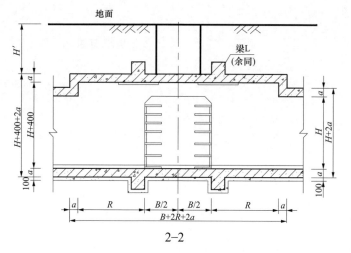

2—2

说明　1. B=隧道净宽,H=隧道净高,a=隧道结构厚度。
　　　　R=隧道转弯半径,H′=井室顶板埋深。
　　2. 井室外端1.0m设置变形缝。
　　3. 所有外露铁件均需热浸锌处理。
　　4. 井室范围内井室高度抬高0.4m。
　　5. 井室防水做法同隧道。

0301030208　明开隧道四通井

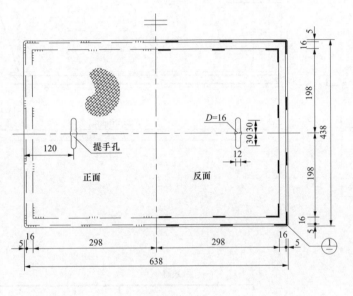

盖板平面图

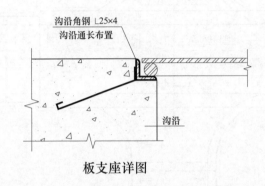

板支座详图

说明　1. 盖板横向适用沟净宽400mm；纵向适用沟净宽600mm。
　　　 2. 板底刷底漆二道, 板面刷砂色面漆二道。
　　　 3. 采用E43焊条。

0301030301　电缆沟盖板制作

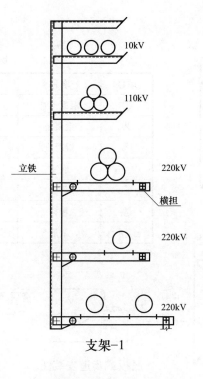

支架-1

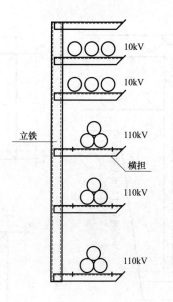

支架-2

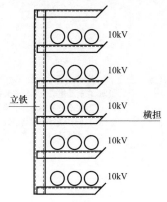

支架-3

说明 1. 支架横担间距，开孔尺寸以电缆专业提资为准。
      2. 材料为Q235钢时，要求做热浸锌处理。
      3. 支架-1型适用于隧道内敷设220、110、10kV电缆的情况。
         支架-2型支架适用于隧道内敷设110、10kV电缆的情况。
         支架-3型支架适用于隧道内敷设10kV电缆的情况。
      4. 电缆支架的固定可采用预埋螺栓，预埋螺母及预埋件等形式。

0301030302 支架安装

电缆沟（电缆隧道）附属设施

0301030300

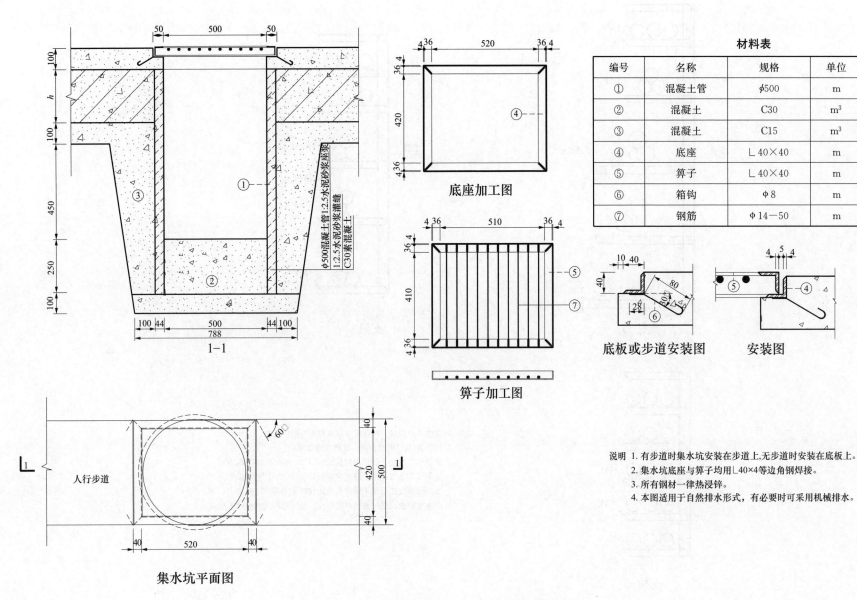

材料表

编号	名称	规格	单位	数量
①	混凝土管	φ500	m	1.0
②	混凝土	C30	m³	0.05
③	混凝土	C15	m³	0.52
④	底座	∟40×40	m	2.2
⑤	箅子	∟40×40	m	2.16
⑥	箱钩	φ8	m	0.6
⑦	钢筋	φ14—50	m	4.7

1—1

φ500混凝土管1:2.5水泥砂浆座浆
1:2.5水泥砂浆灌缝
C30素混凝土

底座加工图

箅子加工图

底板或步道安装图

安装图

集水坑平面图

人行步道

说明　1. 有步道时集水坑安装在步道上,无步道时安装在底板上。
　　　2. 集水坑底座与箅子均用∟40×4等边角钢焊接。
　　　3. 所有钢材一律热浸锌。
　　　4. 本图适用于自然排水形式,有必要时可采用机械排水。

0301030303　集成坑及排水处理

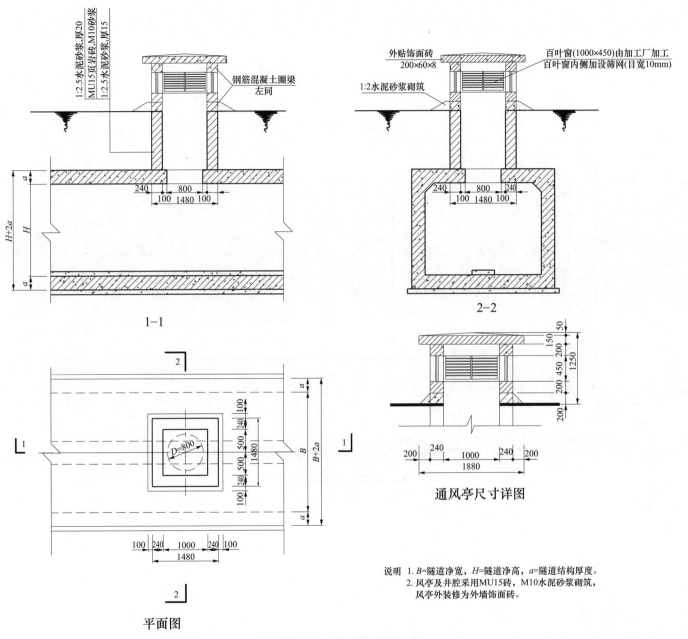

1-1

2-2

通风亭尺寸详图

平面图

说明　1. B=隧道净宽，H=隧道净高，a=隧道结构厚度。
　　　2. 风亭及井腔采用MU15砖，M10水泥砂浆砌筑，
　　　　　风亭外装修为外墙饰面砖。

0301030304　电缆隧道通风设施

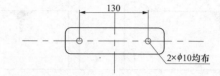

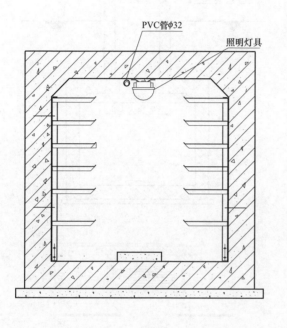

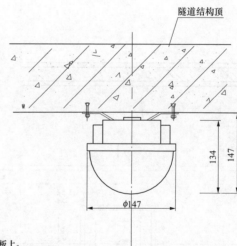

说明 1. 隧道灯具采用防潮防爆光源免维护灯具,吸顶安装，灯距6m。
　　　2. 每个灯具用两个M8×80不锈钢膨胀螺栓(带平弹垫螺母)固定在隧道道顶板上。

0301030305　电缆隧道照明

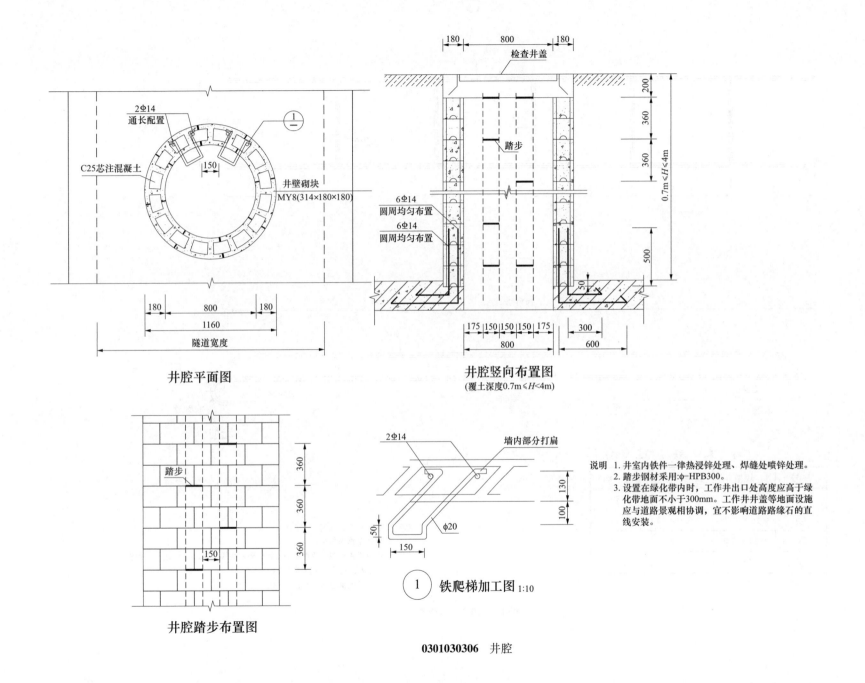

2Φ14
通长配置

C25芯注混凝土

150

井壁砌块
MY8(314×180×180)

180 800 180
1160
隧道宽度

井腔平面图

检查井盖

180 800 180

踏步

6Φ14
圆周均匀布置

6Φ14
圆周均匀布置

200

360

360

0.7m≤H<4m

500

50

175 150 150 150 175
800

300
600

井腔竖向布置图
(覆土深度0.7m≤H<4m)

360

360

踏步

360

360

150

井腔踏步布置图

2Φ14

墙内部分打扁

130

100

50

150

φ20

① **铁爬梯加工图** 1:10

说明 1. 井室内铁件一律热浸锌处理、焊缝处喷锌处理。
     2. 踏步钢材采用:φ-HPB300。
     3. 设置在绿化带内时，工作井出口处高度应高于绿
        化带地面不小于300mm。工作井井盖等地面设施
        应与道路景观相协调，宜不影响道路路缘石的直
        线安装。

0301030306 井腔

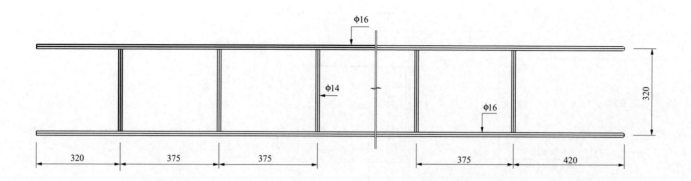

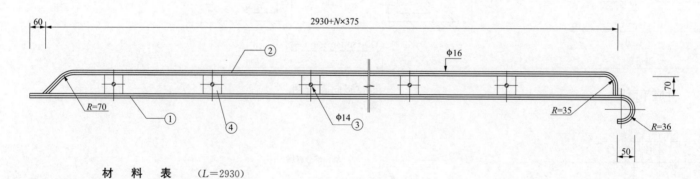

材 料 表 （L＝2930）

序号	规格	长度（m）	重量（kg）
①	φ16×3131	6.26	9.89
②	φ16×3025	6.05	9.56
③	φ14×298	2.09	2.53
④	□70×70		2.77

说明 1. 材料：全部采用Q235B。

　　　2. 该件全部为焊接。

　　　焊接要求：钢筋要周圈焊，钢板要两面焊，焊后要清渣，热浸锌。

　　　3. N为增加或减少的爬梯档数。

　　　4. 不同井室高度按照每档375增减。

0301030307　活挂梯

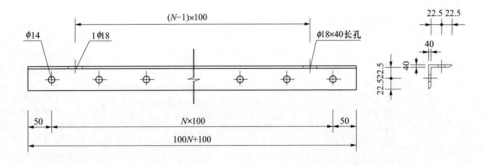

电缆吊架加工图

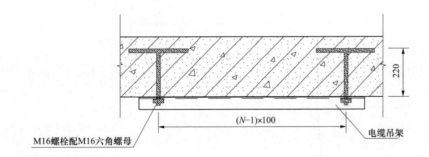

预埋螺栓安装图

说明 1. 所有外露铁件均需热浸锌处理。
2. $\phi14$的孔的个数。

0301030308 电缆吊装

工艺编号及名称	图　　例	设计/工艺要求
0302010101 直埋电缆沟槽敷设	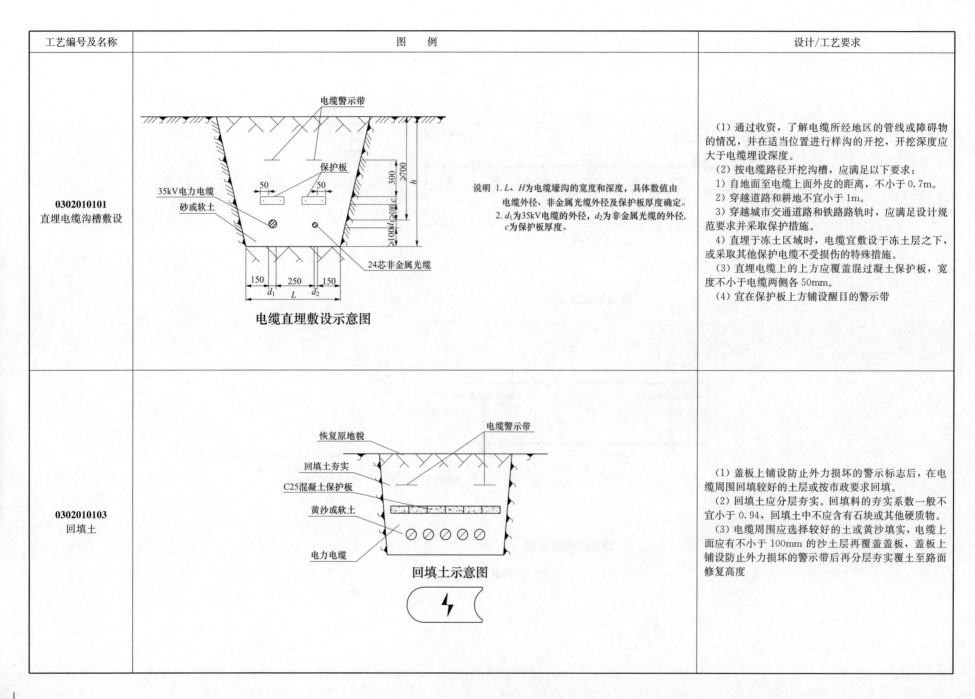　电缆警示带 　保护板 　35kV电力电缆 　砂或软土 　24芯非金属光缆 　150　250　150 　d_1　L　d_2 　50　50 　300　<700　h　<100 d_2　<100 d_1　c 说明 1. L、H为电缆壕沟的宽度和深度，具体数值由 电缆外径、非金属光缆外径及保护板厚度确定。 2. d_1为35kV电缆的外径，d_2为非金属光缆的外径， c为保护板厚度。 **电缆直埋敷设示意图**	（1）通过收资，了解电缆所经地区的管线或障碍物的情况，并在适当位置进行样沟的开挖，开挖深度应大于电缆埋设深度。 （2）按电缆路径开挖沟槽，应满足以下要求： 1）自地面至电缆上面外皮的距离，不小于0.7m。 2）穿越道路和耕地不宜小于1m。 3）穿越城市交通道路和铁路路轨时，应满足设计规范要求并采取保护措施。 4）直埋于冻土区域时，电缆宜敷设于冻土层之下，或采取其他保护电缆不受损伤的特殊措施。 （3）直埋电缆上的上方应覆盖混凝土保护板，宽度不小于电缆两侧各50mm。 （4）宜在保护板上方铺设醒目的警示带
0302010103 回填土	恢复原地貌　电缆警示带 回填土夯实 C25混凝土保护板 黄沙或软土 电力电缆 **回填土示意图**	（1）盖板上铺设防止外力损坏的警示标志后，在电缆周围回填较好的土层或按市政要求回填。 （2）回填土应分层夯实。回填料的夯实系数一般不宜小于0.94，回填土中不应含有石块或其他硬质物。 （3）电缆周围应选择较好的土或黄沙填实，电缆上面应有不小于100mm的沙土层再覆盖盖板，盖板上铺设防止外力损坏的警示带后再分层夯实覆土至路面修复高度

工艺编号及名称	图　例	设计/工艺要求
0302010201 电缆穿管敷设		（1）交流单芯电缆所用管材应采用非磁性并符合环保要求，管材内壁光滑无毛刺，满足使用条件要求的机械强度和耐久性。 （2）排管通道所选用的排管内径 D（mm）宜不小于 $1.5d$（电缆外径，mm）并不宜小于 150mm。同一段排管通道的排管内径不宜多于 2 种。每根排管宜只穿 1 根电缆。 （3）电缆敷设时，电缆所受的牵引力、侧压力和弯曲半径应根据不同电缆的要求控制在允许范围内。 （4）在电缆牵引头、电缆盘、牵引机、过路管口、转弯处以及可能造成电缆损伤的地方应采取保护措施。 （5）110kV 及以上电缆敷设时，转弯处的侧压力应符合制造厂规定，无规定时不应大于 3kN/m

工艺编号及名称	图　例	设计/工艺要求
0302010301 电缆隧道/电缆沟敷设	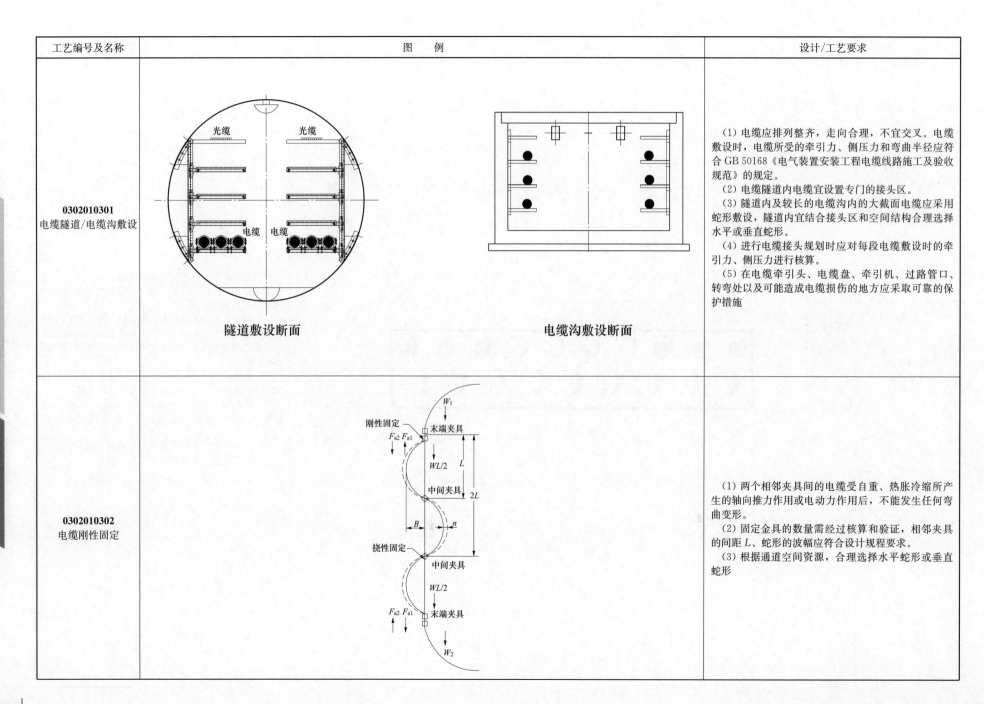 **隧道敷设断面**　　　　**电缆沟敷设断面**	（1）电缆应排列整齐，走向合理，不宜交叉。电缆敷设时，电缆所受的牵引力、侧压力和弯曲半径应符合 GB 50168《电气装置安装工程电缆线路施工及验收规范》的规定。 （2）电缆隧道内电缆宜设置专门的接头区。 （3）隧道内及较长的电缆沟内的大截面电缆应采用蛇形敷设，隧道内宜结合接头区和空间结构合理选择水平或垂直蛇形。 （4）进行电缆接头规划时应对每段电缆敷设时的牵引力、侧压力进行核算。 （5）在电缆牵引头、电缆盘、牵引机、过路管口、转弯处以及可能造成电缆损伤的地方应采取可靠的保护措施
0302010302 电缆刚性固定		（1）两个相邻夹具间的电缆受自重、热胀冷缩所产生的轴向推力作用或电动力作用后，不能发生任何弯曲变形。 （2）固定金具的数量需经过核算和验证，相邻夹具的间距 L、蛇形的波幅应符合设计规程要求。 （3）根据通道空间资源，合理选择水平蛇形或垂直蛇形

工艺编号及名称	图 例	设计/工艺要求
0302010303 电缆挠性固定	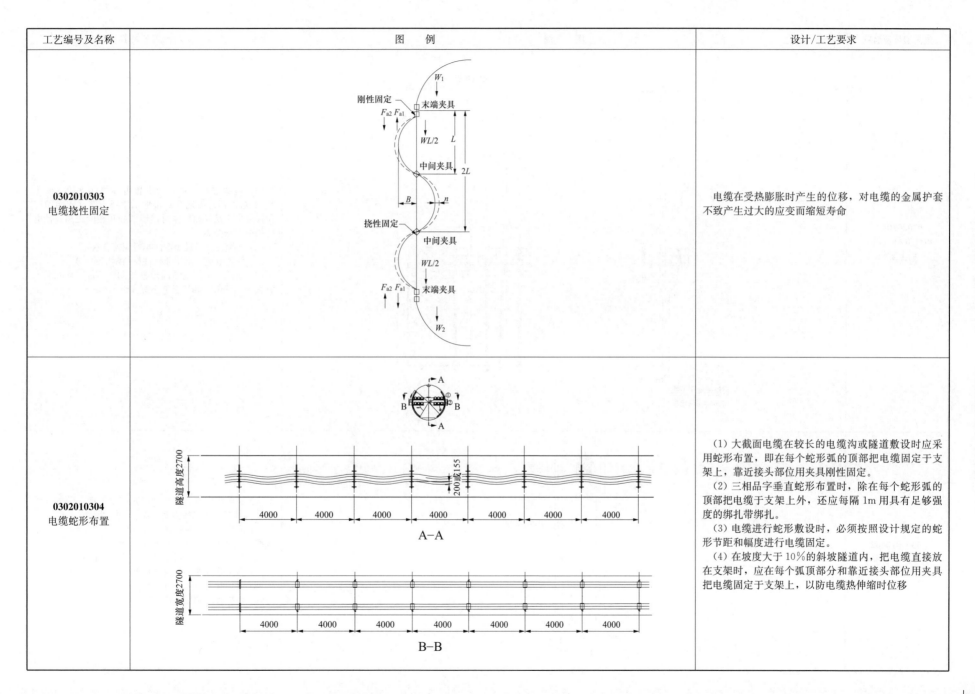	电缆在受热膨胀时产生的位移，对电缆的金属护套不致产生过大的应变而缩短寿命
0302010304 电缆蛇形布置		（1）大截面电缆在较长的电缆沟或隧道敷设时应采用蛇形布置，即在每个蛇形弧的顶部把电缆固定于支架上，靠近接头部位用夹具刚性固定。 （2）三相品字垂直蛇形布置时，除在每个蛇形弧的顶部把电缆于支架上外，还应每隔1m用具有足够强度的绑扎带绑扎。 （3）电缆进行蛇形敷设时，必须按照设计规定的蛇形节距和幅度进行电缆固定。 （4）在坡度大于10％的斜坡隧道内，把电缆直接放在支架时，应在每个弧顶部分和靠近接头部位用夹具把电缆固定于支架上，以防电缆热伸缩时位移

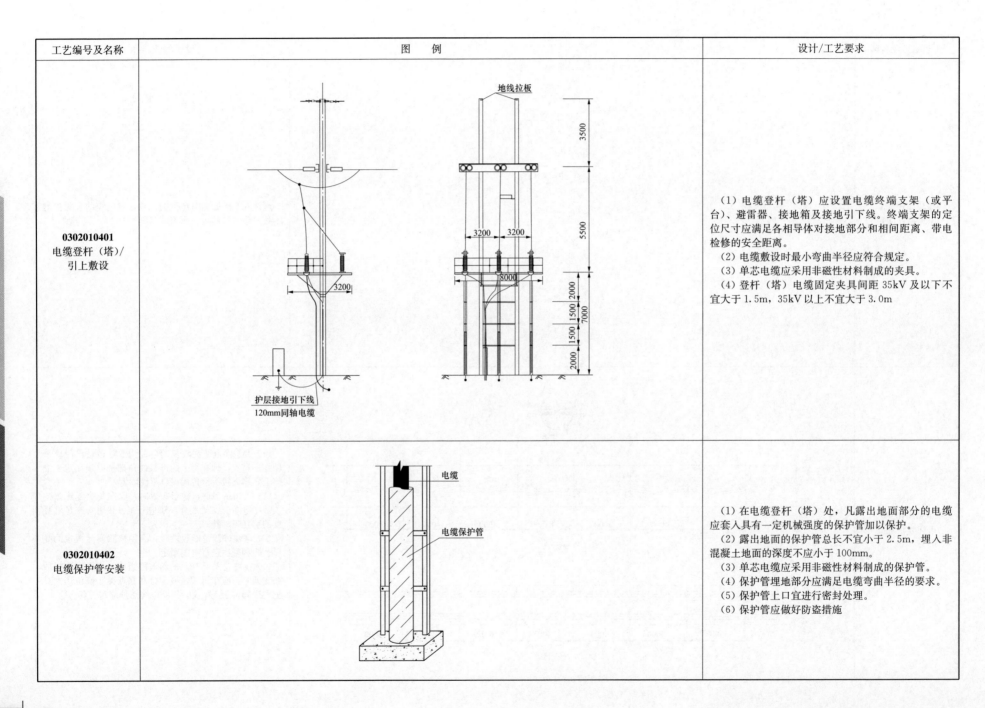

工艺编号及名称	图　例	设计/工艺要求
0302010401 电缆登杆（塔）/ 引上敷设		（1）电缆登杆（塔）应设置电缆终端支架（或平台）、避雷器、接地箱及接地引下线。终端支架的定位尺寸应满足各相导体对接地部分和相间距离、带电检修的安全距离。 （2）电缆敷设时最小弯曲半径应符合规定。 （3）单芯电缆应采用非磁性材料制成的夹具。 （4）登杆（塔）电缆固定夹具间距 35kV 及以下不宜大于 1.5m，35kV 以上不宜大于 3.0m
0302010402 电缆保护管安装		（1）在电缆登杆（塔）处，凡露出地面部分的电缆应套入具有一定机械强度的保护管加以保护。 （2）露出地面的保护管总长不宜小于 2.5m，埋入非混凝土地面的深度不应小于 100mm。 （3）单芯电缆应采用非磁性材料制成的保护管。 （4）保护管埋地部分应满足电缆弯曲半径的要求。 （5）保护管上口宜进行密封处理。 （6）保护管应做好防盗措施

图中标注：地线拉板、护层接地引下线 120mm同轴电缆、电缆、电缆保护管

尺寸标注：3500、5500、7000、2000、1500、1500、2000、3200、3200、8000、3200

电缆登塔/引上敷设工程

0302010400

工艺编号及名称	图　例	设计/工艺要求
0302010501 水底电缆接缆运输		（1）一般规格的水底电缆采用垂直盘绕方式储存在特制电缆盘上。大长度水底电缆采用水平圈绕方式储运，配备特制缆圈和退扭架，圈绕半径、侧压力、退扭方式、退扭高度等技术参数严格按照厂方要求进行控制。 （2）接缆前厂方应提供水底电缆规格和长度、出厂试验数据、软接头位置和标记方式，以及装船方式和相关参数、照片等信息，以便妥善安排接缆事宜。 （3）接缆交接时应由订货方、施工方与厂方共同见证，并进行必要的交接试验，核对电缆规格和交货长度，确定和标记软接头位置
0302010502 水底电缆登陆敷设		（1）按照经事先批准的过堤方式做好两登陆端沟槽开挖和孔洞施工，并采取措施确保整个施工期间的防台防汛工作。 （2）利用高潮位时段采用漂浮法和机械牵引相结合方式选择长滩涂端进行始端登陆，登陆施工中应采取必要措施保护水底电缆不受损伤。 （3）利用高潮位时段采用漂浮法和机械牵引相结合方式进行末端登陆。末端登陆应选择尽可能接近登陆点的位置，将施工船可靠固定后，在适当的气象条件下将水底电缆按照实际需要的长度切断封端，绑扎浮球后以 Ω 形漂浮在水面上，然后在漂浮状态下牵引至登陆点。 （4）登陆施工应采取必要措施保护水底电缆弯曲半径符合要求、铠装不打扭、外护层不受损伤，并应密切注意气象情况，避免船只发生不可控移位而导致水底电缆损伤。 （5）登陆施工应确保按照设计路由和埋深施工，施工完成后应邀请海堤和滩涂主管部门参与验收

0302010500

工艺编号及名称	图　　例	设计/工艺要求
0302010503 水底电缆水中敷设		（1）水中敷设施工应选择合适的气象条件，提前向海事部门办理水上施工许可并采取必要的航行通告或通航管制措施。 （2）选择适合的施工船及敷设机具。 （3）完成详细路由探测和扫海工作，用驳船进行敷设施工时应做到定位精确、锚固可靠，满足水中敷设要求。 （4）水底电缆敷设位置应采用 GPS 坐标进行实时精确记录，并随时调整船位以确保按照设计路由敷设，电缆软接头位置应详细记录并标记在水底电缆敷设资料上。 （5）水底电缆敷设过程中应保持合适的敷设速度，采取措施确保其入水角度在合适范围，以免电缆承受张力过大。 $T = H \times W / (1 - \cos\alpha)$ 式中：T—水底电缆张力（N）；H—水深（m）；W—水底电缆水中重量（N/m）；α：入水角（°）。 （6）水底电缆敷设完成后，应测试导体电阻、绝缘电阻、光纤衰减、电缆长度等相关重要参数，以验证电缆在施工中是否受损
0302010504 水底电缆附属设施	 水底电缆 禁止抛锚	（1）水底电缆安装后，为了防止来往船只抛锚，应在水底电缆路由区域设立禁锚区，并在河道两侧岸边设立禁锚牌，禁锚牌上应装设 LED 灯，确保夜间过往船只能有效辨识禁锚区。 （2）水底电缆水中路由区域禁止船只抛锚，滩涂路由区域禁止设立永久性建筑物。 （3）对于重要的水底电缆线路，应建造瞭望塔，并配备雷达、望远镜、高频电话等设施，必要时还可设置护缆船进行日常巡检和应急处理

工艺编号及名称	图　例	设计/工艺要求
0302010601 站内电缆层敷设	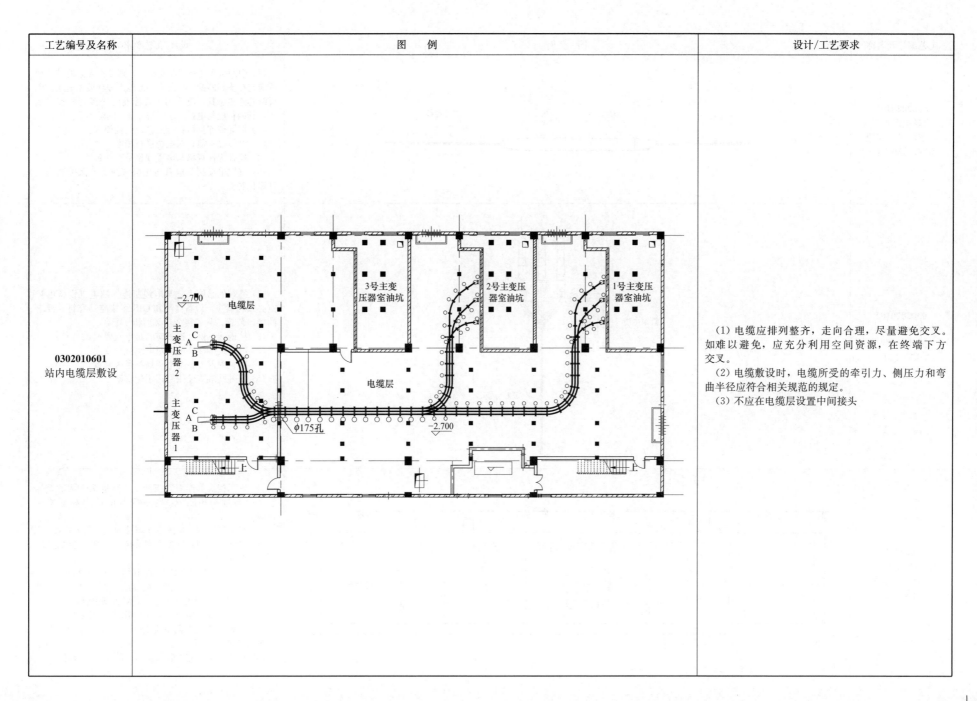	（1）电缆应排列整齐，走向合理，尽量避免交叉。如难以避免，应充分利用空间资源，在终端下方交叉。 （2）电缆敷设时，电缆所受的牵引力、侧压力和弯曲半径应符合相关规范的规定。 （3）不应在电缆层设置中间接头

工艺编号及名称	图　例	设计/工艺要求
0302020101 交联电缆预制式中间接头安装（35kV 及以下）	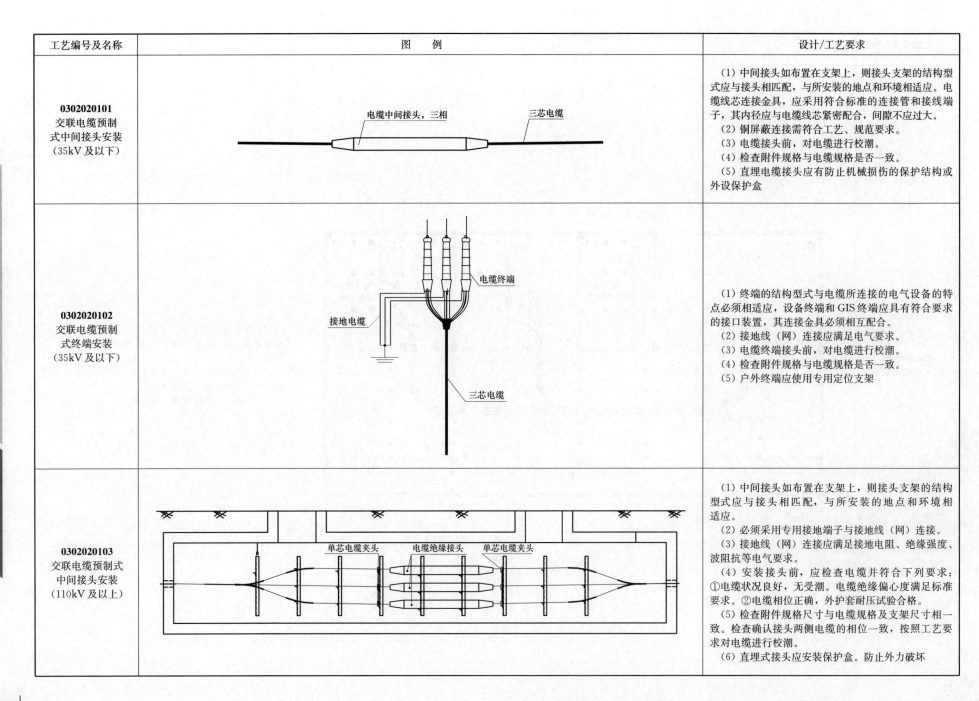 电缆中间接头，三相　　三芯电缆	（1）中间接头如布置在支架上，则接头支架的结构型式应与接头相匹配，与所安装的地点和环境相适应。电缆线芯连接金具，应采用符合标准的连接管和接线端子，其内径应与电缆线芯紧密配合，间隙不应过大。 （2）铜屏蔽连接需符合工艺、规范要求。 （3）电缆接头前，对电缆进行校潮。 （4）检查附件规格与电缆规格是否一致。 （5）直埋电缆接头应有防止机械损伤的保护结构或外设保护盒
0302020102 交联电缆预制式终端安装（35kV 及以下）	电缆终端 接地电缆 三芯电缆	（1）终端的结构型式与电缆所连接的电气设备的特点必须相适应，设备终端和 GIS 终端应具有符合要求的接口装置，其连接金具必须相互配合。 （2）接地线（网）连接应满足电气要求。 （3）电缆终端接头前，对电缆进行校潮。 （4）检查附件规格与电缆规格是否一致。 （5）户外终端应使用专用定位支架
0302020103 交联电缆预制式中间接头安装（110kV 及以上）	单芯电缆夹头　电缆绝缘接头　单芯电缆夹头	（1）中间接头如布置在支架上，则接头支架的结构型式应与接头相匹配，与所安装的地点和环境相适应。 （2）必须采用专用接地端子与接地线（网）连接。 （3）接地线（网）连接应满足接地电阻、绝缘强度、波阻抗等电气要求。 （4）安装接头前，应检查电缆并符合下列要求：①电缆状况良好，无受潮。电缆绝缘偏心度满足标准要求。②电缆相位正确，外护套耐压试验合格。 （5）检查附件规格尺寸与电缆规格及支架尺寸相一致。检查确认接头两侧电缆的相位一致，按照工艺要求对电缆进行校潮。 （6）直埋式接头应安装保护盒。防止外力破坏

工艺编号及名称	图 例	设计/工艺要求
0302020104 交联电缆预制式终端安装（110kV 及以上）	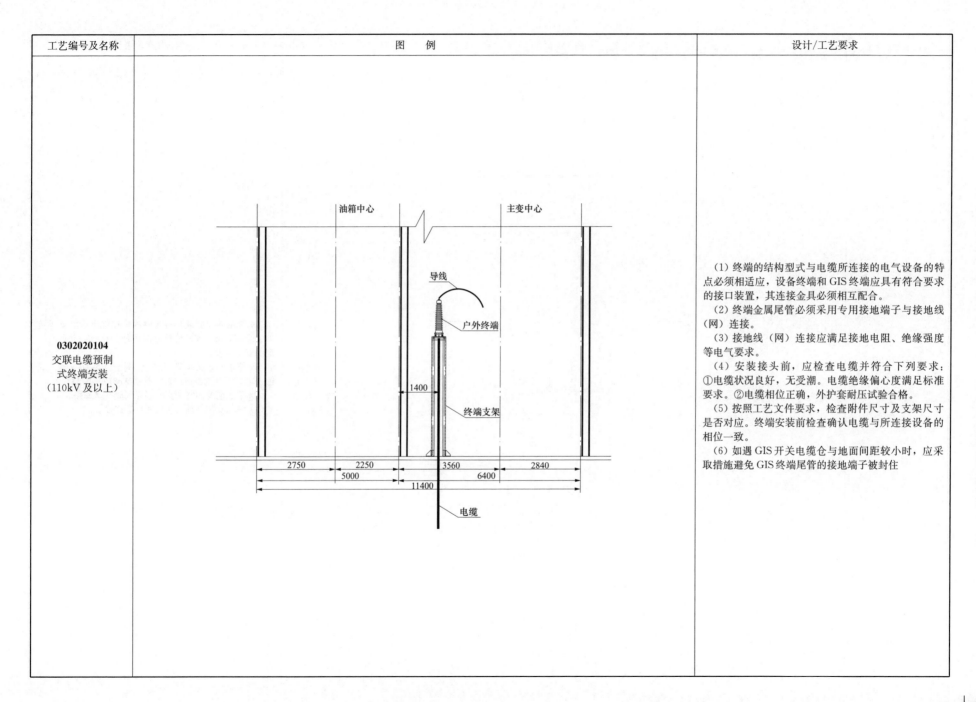	（1）终端的结构型式与电缆所连接的电气设备的特点必须相适应，设备终端和 GIS 终端应具有符合要求的接口装置，其连接金具必须相互配合。 （2）终端金属尾管必须采用专用接地端子与接地线（网）连接。 （3）接地线（网）连接应满足接地电阻、绝缘强度等电气要求。 （4）安装接头前，应检查电缆并符合下列要求：①电缆状况良好，无受潮。电缆绝缘偏心度满足标准要求。②电缆相位正确，外护套耐压试验合格。 （5）按照工艺文件要求，检查附件尺寸及支架尺寸是否对应。终端安装前检查确认电缆与所连接设备的相位一致。 （6）如遇 GIS 开关电缆仓与地面间距较小时，应采取措施避免 GIS 终端尾管的接地端子被封住

工艺编号及名称	图　例	设计/工艺要求
0302020201 终端支架制作安装	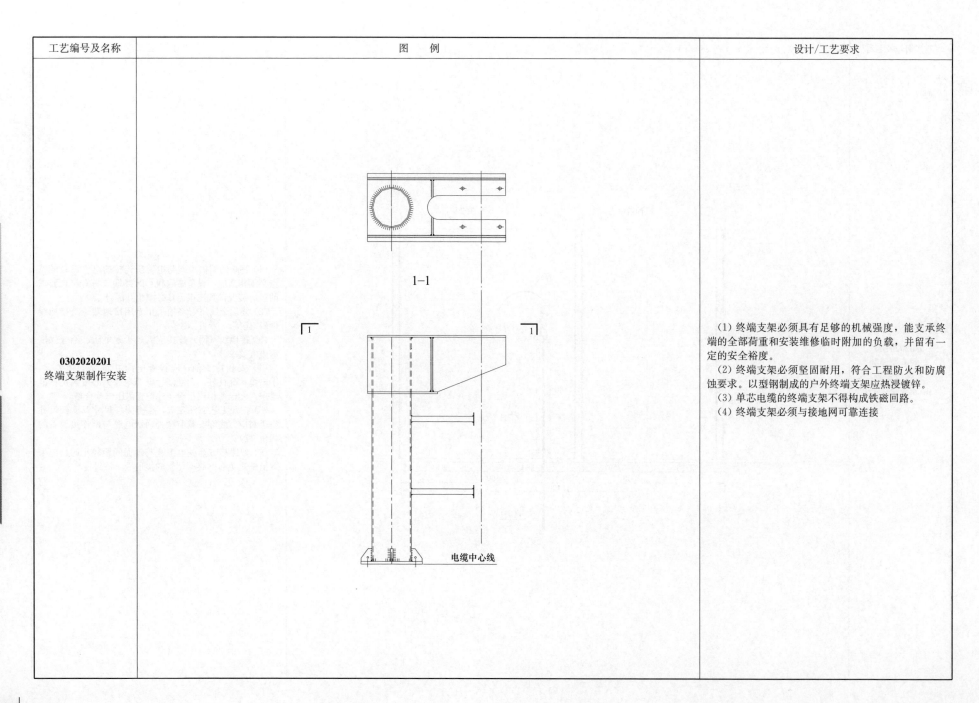 1-1	（1）终端支架必须具有足够的机械强度，能支承终端的全部荷重和安装维修临时附加的负载，并留有一定的安全裕度。 （2）终端支架必须坚固耐用，符合工程防火和防腐蚀要求。以型钢制成的户外终端支架应热浸镀锌。 （3）单芯电缆的终端支架不得构成铁磁回路。 （4）终端支架必须与接地网可靠连接

工艺编号及名称	图　　例	设计/工艺要求
0302020202 接地箱、交叉互联箱	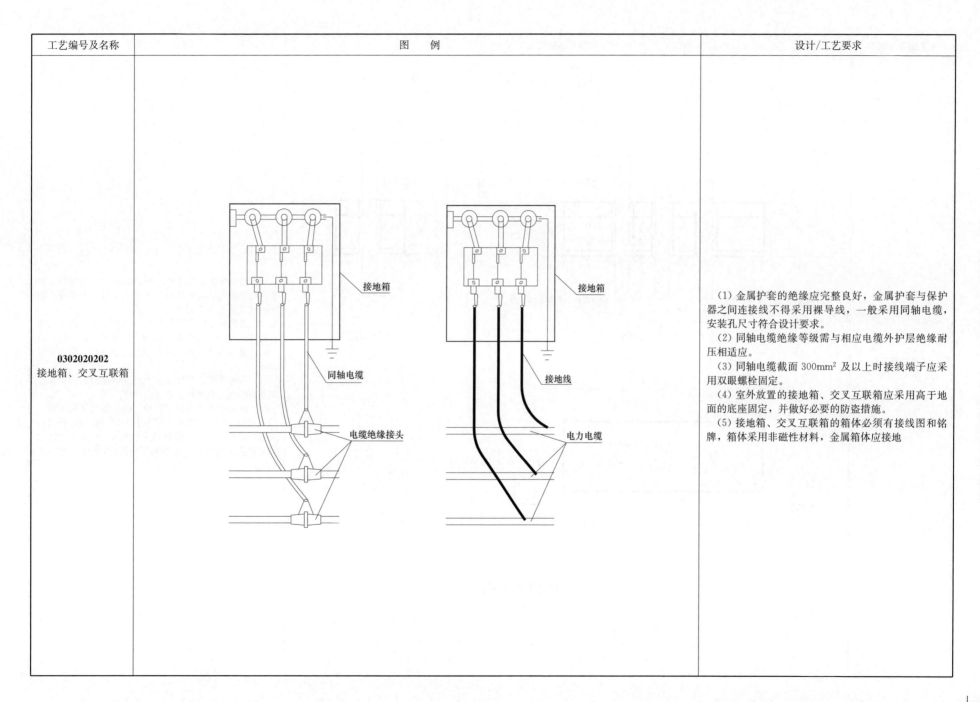	（1）金属护套的绝缘应完整良好，金属护套与保护器之间连接线不得采用裸导线，一般采用同轴电缆，安装孔尺寸符合设计要求。 （2）同轴电缆绝缘等级需与相应电缆外护层绝缘耐压相适应。 （3）同轴电缆截面 300mm² 及以上时接线端子应采用双眼螺栓固定。 （4）室外放置的接地箱、交叉互联箱应采用高于地面的底座固定，并做好必要的防盗措施。 （5）接地箱、交叉互联箱的箱体必须有接线图和铭牌，箱体采用非磁性材料，金属箱体应接地

工艺编号及名称	图　例	设计/工艺要求
0302030102 防火封堵	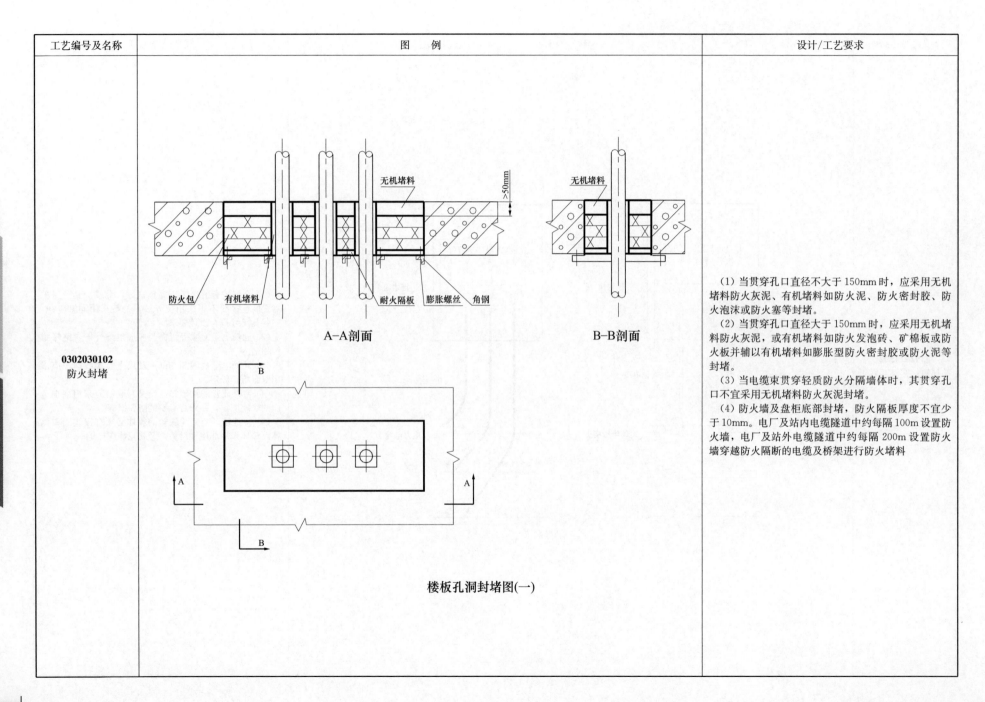	（1）当贯穿孔口直径不大于150mm时，应采用无机堵料防火灰泥、有机堵料如防火泥、防火密封胶、防火泡沫或防火塞等封堵。 （2）当贯穿孔口直径大于150mm时，应采用无机堵料防火灰泥，或有机堵料如防火发泡砖、矿棉板或防火板并辅以有机堵料如膨胀型防火密封胶或防火泥等封堵。 （3）当电缆束贯穿轻质防火分隔墙体时，其贯穿孔口不宜采用无机堵料防火灰泥封堵。 （4）防火墙及盘柜底部封堵，防火隔板厚度不宜少于10mm。电厂及站内电缆隧道中约每隔100m设置防火墙，电厂及站外电缆隧道中约每隔200m设置防火墙穿越防火隔断的电缆及桥架进行防火堵料

A-A剖面　　　B-B剖面

无机堵料　　>50mm

防火包　有机堵料　耐火隔板　膨胀螺丝　角钢

楼板孔洞封堵图(一)

工艺编号及名称	图 例	设计/工艺要求
0302030102 防火封堵	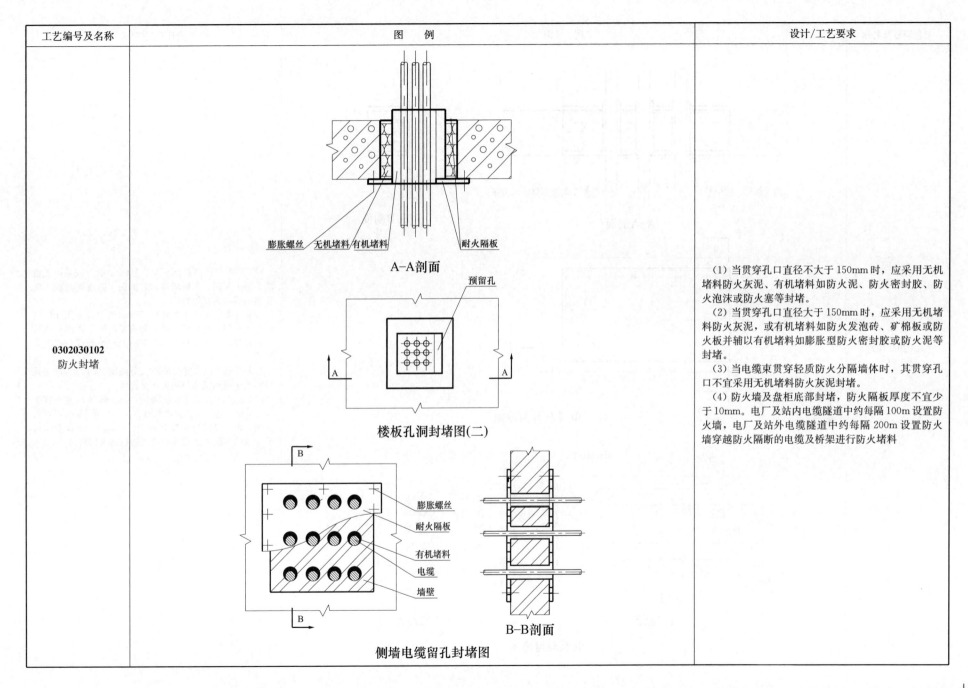 A–A剖面 楼板孔洞封堵图(二) 侧墙电缆留孔封堵图	（1）当贯穿孔口直径不大于150mm时，应采用无机堵料防火灰泥、有机堵料如防火泥、防火密封胶、防火泡沫或防火塞等封堵。 （2）当贯穿孔口直径大于150mm时，应采用无机堵料防火灰泥，或有机堵料如防火发泡砖、矿棉板或防火板并辅以有机堵料如膨胀型防火密封胶或防火泥等封堵。 （3）当电缆束贯穿轻质防火分隔墙体时，其贯穿孔口不宜采用无机堵料防火灰泥封堵。 （4）防火墙及盘柜底部封堵，防火隔板厚度不宜少于10mm。电厂及站内电缆隧道中约每隔100m设置防火墙，电厂及站外电缆隧道中约每隔200m设置防火墙穿越防火隔断的电缆及桥架进行防火堵料

工艺编号及名称	图　例	设计/工艺要求
0302030102 防火封堵	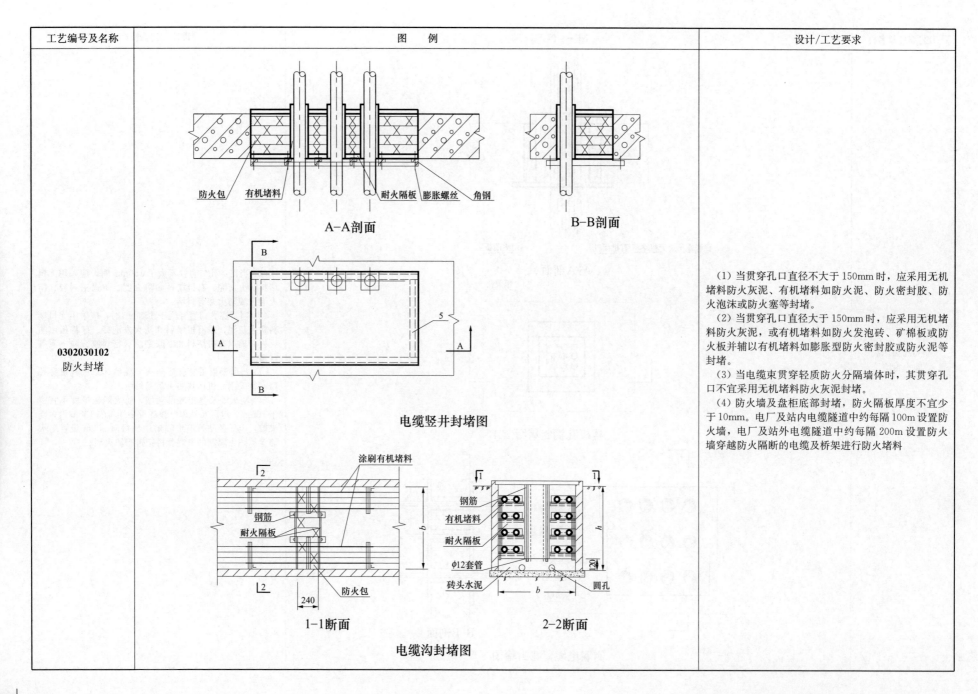	（1）当贯穿孔口直径不大于150mm时，应采用无机堵料防火灰泥、有机堵料如防火泥、防火密封胶、防火泡沫或防火塞等封堵。 （2）当贯穿孔口直径大于150mm时，应采用无机堵料防火灰泥，或有机堵料如防火发泡砖、矿棉板或防火板并辅以有机堵料如膨胀型防火密封胶或防火泥等封堵。 （3）当电缆束贯穿轻质防火分隔墙体时，其贯穿孔口不宜采用无机堵料防火灰泥封堵。 （4）防火墙及盘柜底部封堵，防火隔板厚度不宜少于10mm。电厂及站内电缆隧道中约每隔100m设置防火墙，电厂及站外电缆隧道中约每隔200m设置防火墙穿越防火隔断的电缆及桥架进行防火堵料

工艺编号及名称	图 例	设计/工艺要求
0302030102 防火封堵	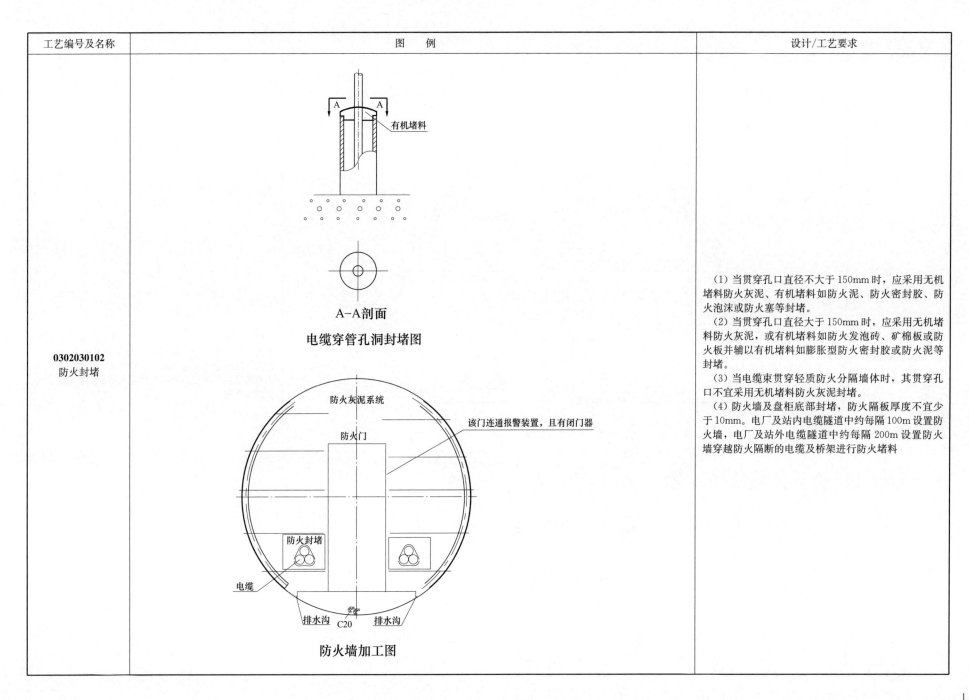 A-A剖面 **电缆穿管孔洞封堵图** **防火墙加工图**	（1）当贯穿孔口直径不大于150mm时，应采用无机堵料防火灰泥、有机堵料如防火泥、防火密封胶、防火泡沫或防火塞等封堵。 （2）当贯穿孔口直径大于150mm时，应采用无机堵料防火灰泥，或有机堵料如防火发泡砖、矿棉板或防火板并辅以有机堵料如膨胀型防火密封胶或防火泥等封堵。 （3）当电缆束贯穿轻质防火分隔墙体时，其贯穿孔口不宜采用无机堵料防火灰泥封堵。 （4）防火墙及盘柜底部封堵，防火隔板厚度不宜少于10mm。电厂及站内电缆隧道中约每隔100m设置防火墙，电厂及站外电缆隧道中约每隔200m设置防火墙穿越防火隔断的电缆及桥架进行防火堵料

0302030100

0302030100

工艺编号及名称	图　例	设计/工艺要求
0302030103 防火槽盒	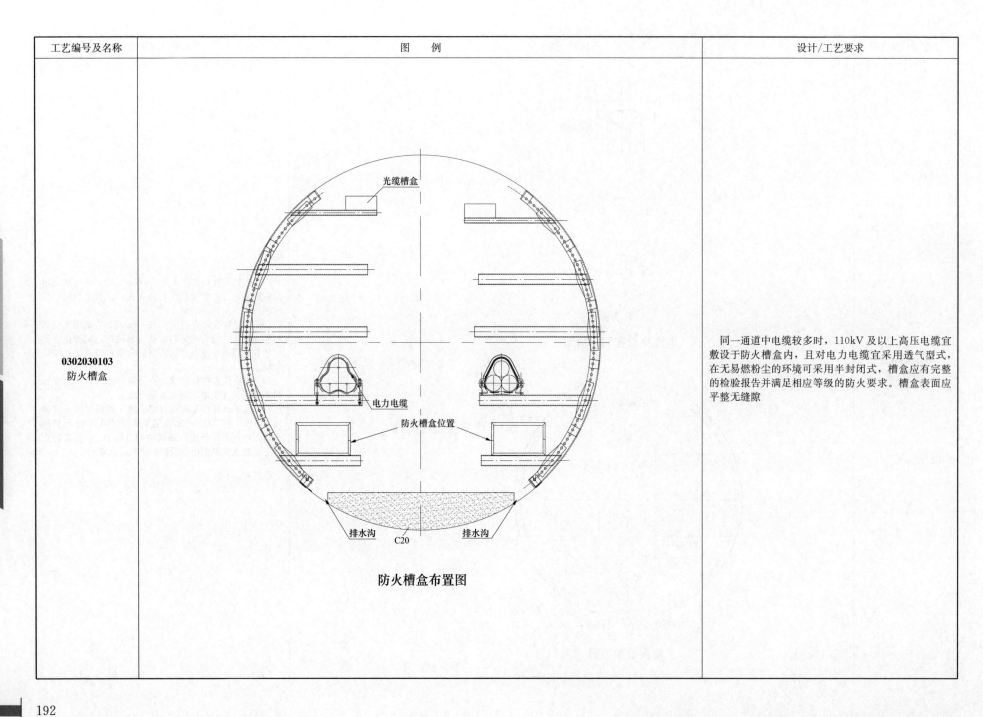 **防火槽盒布置图**	同一通道中电缆较多时，110kV 及以上高压电缆宜敷设于防火槽盒内，且对电力电缆宜采用透气型式，在无易燃粉尘的环境可采用半封闭式，槽盒应有完整的检验报告并满足相应等级的防火要求。槽盒表面应平整无缝隙

工艺编号及名称	图 例	设计/工艺要求
0302030201 防水封堵	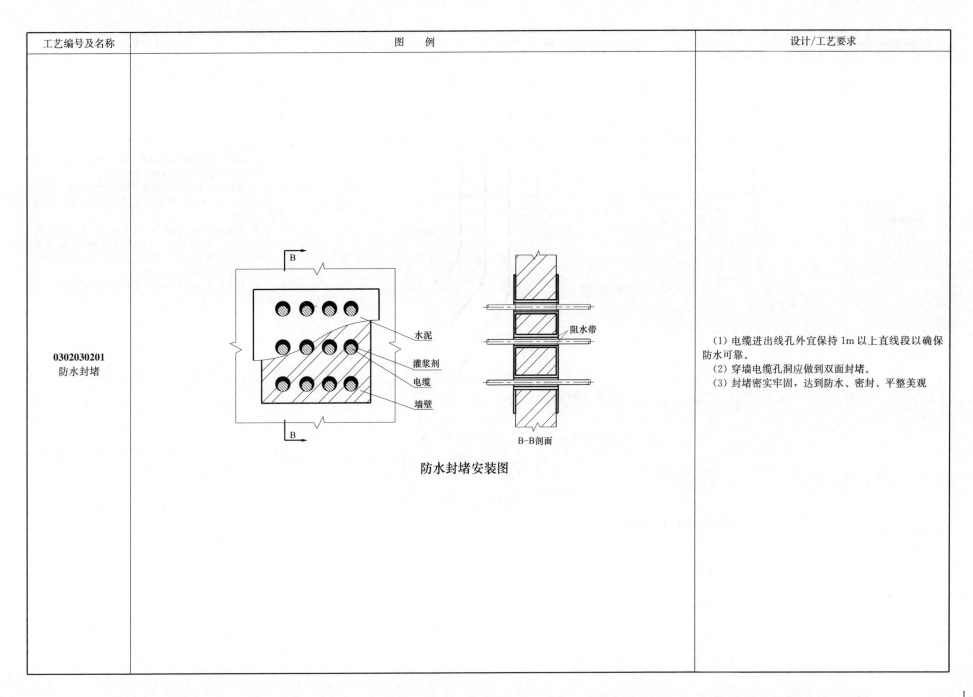 防水封堵安装图	（1）电缆进出线孔外宜保持 1m 以上直线段以确保防水可靠。 （2）穿墙电缆孔洞应做到双面封堵。 （3）封堵密实牢固，达到防水、密封、平整美观

工艺编号及名称	图　例	设计/工艺要求
0302040101 接地线	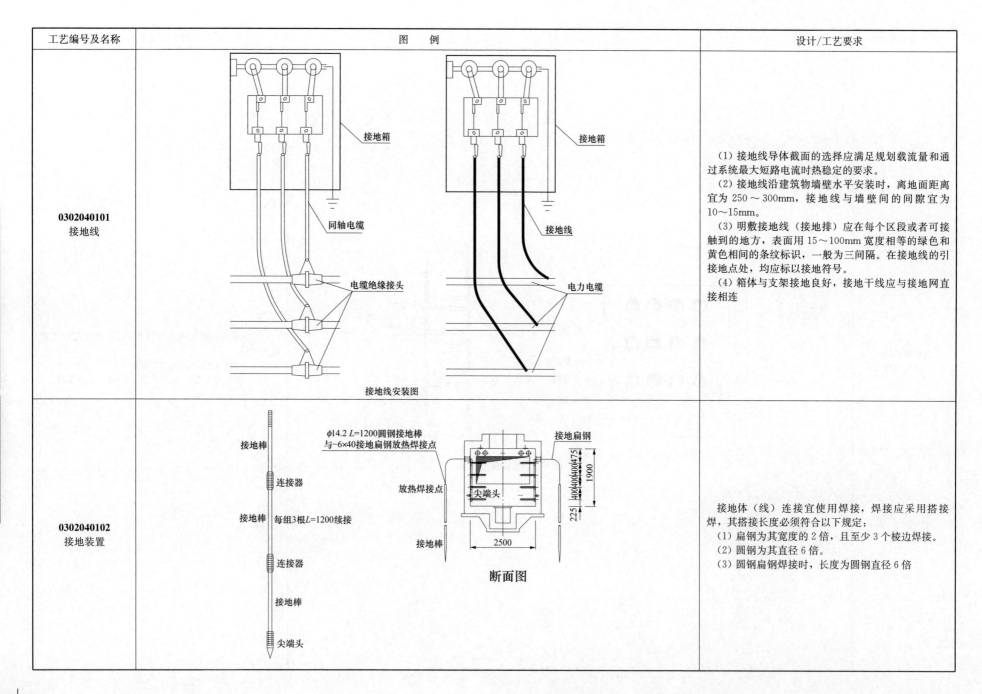 接地线安装图	（1）接地线导体截面的选择应满足规划载流量和通过系统最大短路电流时热稳定的要求。 （2）接地线沿建筑物墙壁水平安装时，离地面距离宜为 250～300mm，接地线与墙壁间的间隙宜为 10～15mm。 （3）明敷接地线（接地排）应在每个区段或者可接触到的地方，表面用 15～100mm 宽度相等的绿色和黄色相间的条纹标识，一般为三间隔。在接地线的引接地点处，均应标以接地符号。 （4）箱体与支架接地良好，接地干线应与接地网直接相连
0302040102 接地装置		接地体（线）连接宜使用焊接，焊接应采用搭接焊，其搭接长度必须符合以下规定： （1）扁钢为其宽度的 2 倍，且至少 3 个棱边焊接。 （2）圆钢为其直径 6 倍。 （3）圆钢扁钢焊接时，长度为圆钢直径 6 倍

工艺编号及名称	图 例	设计/工艺要求
0302050101 指示牌	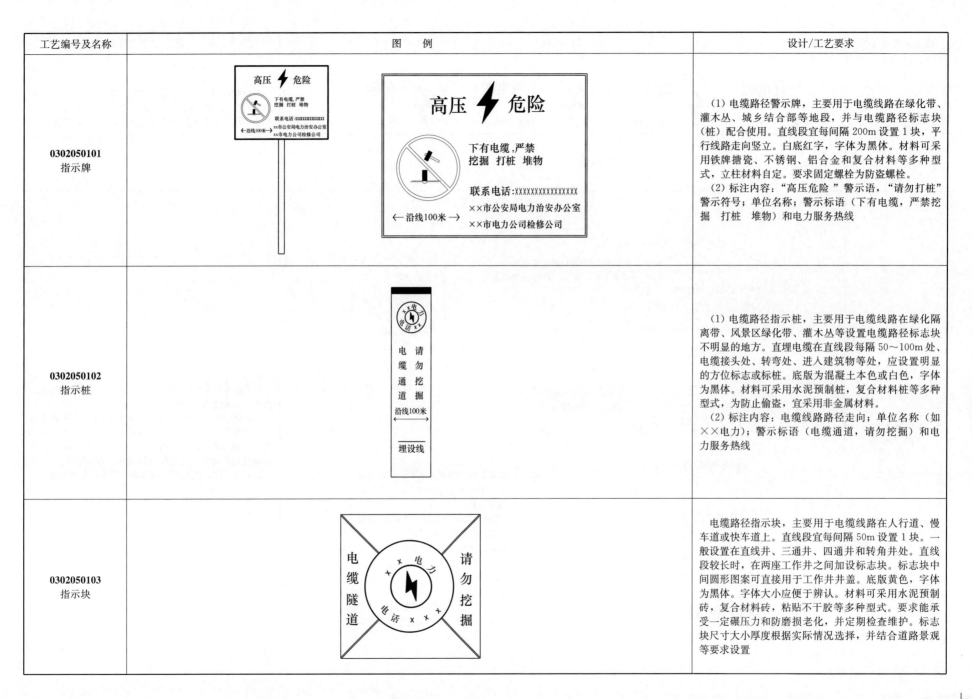	（1）电缆路径警示牌，主要用于电缆线路在绿化带、灌木丛、城乡结合部等地段，并与电缆路径标志块（桩）配合使用。直线段宜每间隔200m设置1块，平行线路走向竖立。白底红字，字体为黑体。材料可采用铁牌搪瓷、不锈钢、铝合金和复合材料等多种型式，立柱材料自定。要求固定螺栓为防盗螺栓。 （2）标注内容："高压危险"警示语，"请勿打桩"警示符号；单位名称；警示标语（下有电缆，严禁挖掘 打桩 堆物）和电力服务热线
0302050102 指示桩		（1）电缆路径指示桩，主要用于电缆线路在绿化隔离带、风景区绿化带、灌木丛等设置电缆路径标志块不明显的地方。直埋电缆在直线段每隔50～100m处、电缆接头处、转弯处、进入建筑物等处，应设置明显的方位标志或标桩。底版为混凝土本色或白色，字体为黑体。材料可采用水泥预制桩，复合材料桩等多种型式，为防止偷盗，宜采用非金属材料。 （2）标注内容：电缆线路路径走向；单位名称（如××电力）；警示标语（电缆通道，请勿挖掘）和电力服务热线
0302050103 指示块		电缆路径指示块，主要用于电缆线路在人行道、慢车道或快车道上。直线段宜每间隔50m设置1块。一般设置在直线井、三通井、四通井和转角井处。直线段较长时，在两座工作井之间加设标志块。标志块中间圆形图案可直接用于工作井井盖。底版黄色，字体为黑体。字体大小应便于辨认。材料可采用水泥预制砖，复合材料砖，粘贴不干胶等多种型式。要求能承受一定碾压力和防磨损老化，并定期检查维护。标志块尺寸大小厚度根据实际情况选择，并结合道路景观等要求设置

工艺编号及名称	图 例	设计/工艺要求
0302050104 警示带	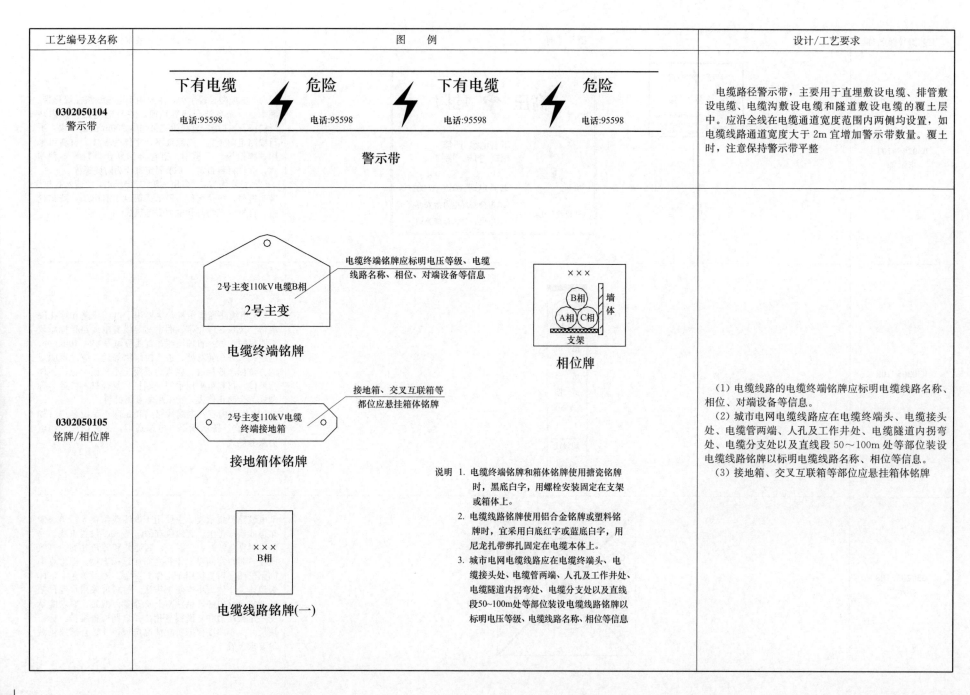	电缆路径警示带，主要用于直埋敷设电缆、排管敷设电缆、电缆沟敷设电缆和隧道敷设电缆的覆土层中。应沿全线在电缆通道宽度范围内两侧均设置，如电缆线路通道宽度大于2m宜增加警示带数量。覆土时，注意保持警示带平整
0302050105 铭牌/相位牌		（1）电缆线路的电缆终端铭牌应标明电缆线路名称、相位、对端设备等信息。 （2）城市电网电缆线路应在电缆终端头、电缆接头处、电缆管两端、人孔及工作井处、电缆隧道内拐弯处、电缆分支处以及直线段50～100m处等部位装设电缆线路铭牌以标明电缆线路名称、相位等信息。 （3）接地箱、交叉互联箱等部位应悬挂箱体铭牌

工艺编号及名称	图 例	设计/工艺要求
0302050106 相色带	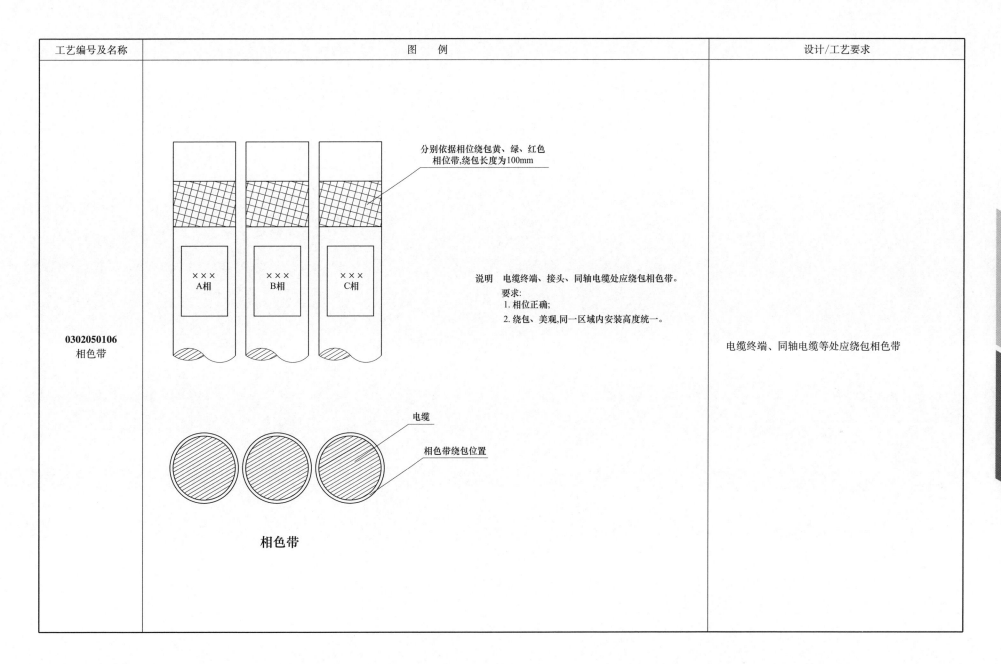分别依据相位绕包黄、绿、红色 相位带,绕包长度为100mm ××× A相 ××× B相 ××× C相 说明 电缆终端、接头、同轴电缆处应绕包相色带。 要求: 1. 相位正确; 2. 绕包、美观,同一区域内安装高度统一。 电缆 相色带绕包位置 **相色带**	电缆终端、同轴电缆等处应绕包相色带